国家出版基金项目
NATIONAL PUBLICATION FOUNDATION

"十三五"国家重点出版物出版规划项目

中 国 生 物 物 种 名 录

第三卷 菌 物

黏菌 卵菌
SLIME MOLDS, WATER MOLDS

李 玉 刘 朴 赵明君 编著

U0223516

科学出版社
北 京

内 容 简 介

　　本书收集和汇总了 1974～2014 年国内外学者对我国黏菌和卵菌的记载，参考了大量著作和国内外学术文献，系统地收集了中国黏菌和卵菌的物种名称。截至 2014 年，我国已报道的黏菌和卵菌有 792 种，隶属于 6 纲 12 目 24 科 86 属，并列出了它们的正确名称，提供了其基原异名及主要同物异名，尤其是我国曾经报道或使用过的名称。学科在发展，真菌分类系统在不断更新，分类观点也随之发生变化，书中试图采用当前最合理的物种名称。

　　本书可供生物学、菌物学、植物检疫、自然资源开发等方面的工作者，以及大专院校和科研单位相关专业的师生及其他有关人员参考。

图书在版编目（CIP）数据

中国生物物种名录. 第三卷，菌物. 黏菌、卵菌/李玉，刘朴，赵明君编著.
—北京：科学出版社，2018.10

"十三五"国家重点出版物出版规划项目　国家出版基金项目

ISBN 978-7-03-059034-3

Ⅰ. ①中⋯　Ⅱ. ①李⋯　②刘⋯　③赵⋯　Ⅲ. ①生物–物种–中国–名录
②粘菌门–物种–中国–名录　③卵菌纲–物种–中国–名录　Ⅳ. ①Q152-62
②Q949.31-62　③Q949.323-62

中国版本图书馆 CIP 数据核字（2018）第 226884 号

责任编辑：马　俊　王　静　付　聪　侯彩霞／责任校对：郑金红
责任印制：张　伟／封面设计：刘新新

科学出版社 出版
北京东黄城根北街 16 号
邮政编码：100717
http://www.sciencep.com

北京教图印刷有限公司 印刷
科学出版社发行　各地新华书店经销
*
2018 年 10 月第　一　版　　开本：889×1194 1/16
2018 年 10 月第一次印刷　　印张：6 3/4
字数：238 000
定价：98.00 元
（如有印装质量问题，我社负责调换）

Species Catalogue of China

Volume 3 Fungi

SLIME MOLDS, WATER MOLDS

Authors: Yu Li   Pu Liu   Mingjun Zhao

Science Press

Beijing

《中国生物物种名录》编委会

主　任（主　编）　陈宜瑜

副主任（副主编）　洪德元　刘瑞玉　马克平　魏江春　郑光美

委　员（编　委）

卜文俊	南开大学	陈宜瑜	国家自然科学基金委员会
洪德元	中国科学院植物研究所	纪力强	中国科学院动物研究所
李　玉	吉林农业大学	李枢强	中国科学院动物研究所
李振宇	中国科学院植物研究所	刘瑞玉	中国科学院海洋研究所
马克平	中国科学院植物研究所	彭　华	中国科学院昆明植物研究所
覃海宁	中国科学院植物研究所	邵广昭	台湾"中央研究院"生物多样性研究中心
王跃招	中国科学院成都生物研究所	魏江春	中国科学院微生物研究所
夏念和	中国科学院华南植物园	杨　定	中国农业大学
杨奇森	中国科学院动物研究所	姚一建	中国科学院微生物研究所
张宪春	中国科学院植物研究所	张志翔	北京林业大学
郑光美	北京师范大学	郑儒永	中国科学院微生物研究所
周红章	中国科学院动物研究所	朱相云	中国科学院植物研究所
庄文颖	中国科学院微生物研究所		

工　作　组

组　长　马克平

副组长　纪力强　覃海宁　姚一建

成　员　韩　艳　纪力强　林聪田　刘忆南　马克平　覃海宁　王利松　魏铁铮
　　　　　薛纳新　杨　柳　姚一建

总　序

生物多样性保护研究、管理和监测等许多工作都需要翔实的物种名录作为基础。建立可靠的生物物种名录也是生物多样性信息学建设的首要工作。通过物种唯一的有效学名可查询关联到国内外相关数据库中该物种的所有资料，这一点在网络时代尤为重要，也是整合生物多样性信息最容易实现的一种方式。此外，"物种数目"也是一个国家生物多样性丰富程度的重要统计指标。然而，像中国这样生物种类非常丰富的国家，各生物类群研究基础不同，物种信息散见于不同的志书或不同时期的刊物中，加之分类系统及物种学名也在不断被修订。因此建立实时更新、资料翔实，且经过专家审订的全国性生物物种名录，对我国生物多样性保护具有重要的意义。

生物多样性信息学的发展推动了生物物种名录编研工作。比较有代表性的项目，如全球鱼类数据库（FishBase）、国际豆科数据库（ILDIS）、全球生物物种名录（CoL）、全球植物名录（TPL）和全球生物名称（GNA）等项目；最有影响的全球生物多样性信息网络（GBIF）也专门设立子项目处理生物物种名称（ECAT）。生物物种名录的核心是明确某个区域或某个类群的物种数量，处理分类学名称，厘清生物分类学上有效发表的拉丁学名的性质，即接受名还是异名及其演变过程；好的生物物种名录是生物分类学研究进展的重要标志，是各种志书编研必需的基础性工作。

自 2007 年以来，中国科学院生物多样性委员会组织国内外 100 多位分类学专家编辑中国生物物种名录；并于 2008 年 4 月正式发布《中国生物物种名录》光盘版和网络版（http://www.sp2000.org.cn/），此后，每年更新一次；2012 年版名录已于同年 9 月面世，包括 70 596 个物种（含种下等级）。该名录自发布受到广泛使用和好评，成为环境保护部物种普查和农业部作物野生近缘种普查的核心名录库，并为环境保护部中国年度环境公报物种数量的数据源，我国还是全球首个按年度连续发布全国生物物种名录的国家。

电子版名录发布以后，有大量的读者来信索取光盘或从网站上下载名录数据，取得了良好的社会效果。有很多读者和编者建议出版《中国生物物种名录》印刷版，以方便读者、扩大名录的影响。为此，在 2011 年 3 月 31 日中国科学院生物多样性委员会换届大会上正式征求委员的意见，与会者建议尽快编辑出版《中国生物物种名录》印刷版。该项工作得到原中国科学院生命科学与生物技术局的大力支持，设立专门项目，支持《中国生物物种名录》的编研，项目于 2013 年正式启动。

组织编研出版《中国生物物种名录》（印刷版）主要基于以下几点考虑。①及时反映和推动中国生物分类学工作。"三志"是本项工作的重要基础。从目前情况看，植物方面的基础相对较好，2004 年 10 月《中国植物志》80 卷 126 册全部正式出版，*Flora of China* 的编研也已完成；动物方面的基础相对薄弱，《中国动物志》虽已出版 130 余卷，但仍有很多类群没有出版；《中国孢子植物志》已出版 80 余卷，很多类群仍有待编研，且微生物名录数字化基础比较薄弱，在 2012 年版中国生物物种名录光盘版中仅收录 900 多种，而植物有 35 000 多种，动物有 24 000 多种。需要及时总结分类学研究成果，把新种和新的修订，包括分类系统修订的信息及时整合到生物物种名录中，以克服志书编写出版周期长的不足，让各个方面的读者和用户及时了解和使用新的分类学成果。②生物物种名称的审订和处理是志书编写的基础性工作，名录的编研出版可以推动生物志书的编研；相关学科如生物地理学、保护生物学、生态学等的研究工作需要及时更新的生物物种名录。③政府部门和社会团体等在生物多样性保护和可持续利用的实践中，希望及时得到中国物种多样性的统计信息。④全球生物物种名录等国际项目需要中国生物物种名录等区域性名录信息不断更新完善，因此，我们的工作也可以在一定程度上推动全球生物多样性编目与保护工作的进展。

编研出版《中国生物物种名录》（印刷版）是一项艰巨的任务，尽管不追求短期内涉及所有类群，也是难度很大的。衷心感谢各位参编人员的严谨奉献，感谢几位副主编和工作组的把关和协调，特别感谢不幸过世的副主编刘瑞玉院士的积极支持。感谢国家出版基金和科学出版社的资助和支持，保证了本系列丛书的顺利出版。在此，对所有为《中国生物物种名录》编研出版付出艰辛努力的同仁表示诚挚的谢意。

虽然我们在《中国生物物种名录》网络版和光盘版的基础上，组织有关专家重新审订和编写名录的印刷版。但限于资料和编研队伍等多方面因素，肯定会有诸多不尽如人意之处，恳请各位同行和专家批评指正，以便不断更新完善。

陈宜瑜

2013 年 1 月 30 日于北京

菌物卷前言

　　《中国生物物种名录》（印刷版）菌物卷包括国内研究比较成熟的门类，涵盖菌物的各大类群。全卷共计五册名录和一册总目录，其中盘菌、地衣各单独为一册，而锈菌与黑粉菌，壶菌、接合菌与球囊霉，黏菌（包括根肿菌）与卵菌则分别各自组成一册。本卷五册名录提供各个分类单元的中文名称（汉语学名、别名和曾用名）、拉丁学名及其发表的原始文献、地理分布和报道国内分布的文献等信息。此外，也尽量提供有关模式材料的信息，尤其是模式标本来自我国的分类单元。异名主要包括基原异名和与我国物种分布有关的文献报道中出现的名称。总目录一册包括本卷各册名录所涉及的全部菌物，为索引性质，不包括异名、分布及文献等信息。菌物卷各册分别在各大类群下按分类单元的拉丁学名字母顺序排列，共约 7000 种。

　　为了保持菌物卷内容及格式的统一，便于读者查阅，我们拟定了菌物名录编写原则和格式。分类单元的汉语学名以中国科学院微生物研究所 1976 年发表的《真菌名词及名称》中所采用的名称为基础，并根据戴芳澜 1979 年发表的《中国真菌总汇》和郑儒永等 1990 年发表的《孢子植物名词及名称》中所采用的名称作必要的修订；地衣型真菌的汉语学名则以 Wei 1991 年发表的 *An Enumeration of the Lichens in China* 中所采用的名称为基础。本卷所收录的分类单元若不在此范围，则依据中国植物学会真菌学会 1987 年发表的《真菌、地衣汉语学名命名法规》选择或新拟汉语学名，并在名称结尾处方括号内写明名称的来源，如新拟的汉语学名在名称结尾处加"［新拟］"来标注。汉语别名收录数量不超过 3 个，由作者根据其使用的广泛性进行排列，注意在使用时要选用该分类单元特产地所用的别名，以及应用行业（如食药用菌）的名称。汉语学名用黑体，别名和曾用名在其后，包括在小括号内，用白宋体。新拟汉语学名遵循已有的命名惯例，如根据菌物特征和产地等来命名，慎用人名，种级名称长度一般不超过 8 个汉字（含种加词和属名）。

　　国内的分布准确到省级行政区，并按以下顺序进行排列：黑龙江、吉林、辽宁、内蒙古、河北、天津、北京、山西、山东、河南、陕西、宁夏、甘肃、青海、新疆、安徽、江苏、上海、浙江、江西、湖南、湖北、四川、重庆、贵州、云南、西藏、福建、台湾、广东、广西、海南、香港、澳门。为了便于国外读者阅读，将省级行政区英文缩写括注在中文名之后，缩写说明见附表。各省（自治区、直辖市、特别行政区）名称之间用顿号分开，如果随后列有跨省的山脉、流域或大区的名称以逗号结束，国内所有分布列举完毕用分号结束。分布存疑的省（自治区、直辖市、特别行政区），以问号（？）加省（自治区、直辖市、特别行政区）名称表示，排在确定分布的省（自治区、直辖市、特别行政区）之后。当大区与已有分布的省级行政区出现重叠、交叉时，因无法确认大区中具体分布的省份，为了保证分布范围不缩小，本卷不对大区进行删除，保留大区名称作为参考，如国内分布"黑龙江、河北、黄淮海地区"中，保留"黄淮海地区"。国外分布按亚洲、欧洲、非洲、北美洲、南美洲和大洋洲的顺序进行排列；在洲以下，按照国家英文名称的字母顺序排列。必要时可用"中亚""太平洋诸岛"等大区域名称。如果是多个国家或泛指时，可用洲名或亚区名称，如欧洲、北非、北美洲、南美洲、大洋洲、泛热带等。区域性名称、旧的国家名称（如苏联）及分布存疑的国家或地区名称置于最后。

《中国生物物种名录》（印刷版）菌物卷的编著得益于 2010 年开始进行的"菌物物种名录数据库建设"项目。该项目由中国科学院生物多样性委员会资助，从文献收集整理、数据库软件设计到相关数据录入，至今已形成了全面包括已报道的在我国分布的菌物物种信息的数据库。目前这个数据库包含两大内容，即《中国真菌总汇》中的信息和自 1970 年以来国内外发表的与我国分布的菌物有关的文献资料。这些信息资料均已数字化，便于查询和分析。

本卷计划的各册名录是作者在长期从事相关类群研究的基础上完成的。盘菌卷是庄文颖院士根据长期的研究成果进行汇总而编写成文的。地衣名录以魏江春院士的 *An Enumeration of the Lichens in China* 第二版书稿为基础，按《中国生物物种名录》（印刷版）菌物卷的格式要求进行编排。其他各册则在其相应作者的研究工作，特别是《中国真菌志》的编撰基础上，结合"中国菌物名录数据库"中的信息，通过数据库的信息查询、整理、编排，直接输出名录数据，经作者核查后，确定收入的名录。菌物卷各册名录中分类单元的拉丁学名、命名人、原始文献、分类单元归属关系及现异名关系等信息与格式参考 Index Fungorum（IF；Royal Botanic Gardens，Kew；Landcare Research-NZ；Institute of Microbiology，Chinese Academy of Sciences. 2015. www.indexfungorum.org）数据库。作者的研究结果与 IF 数据库的信息不符时，则以作者的处理为准，并将情况通报给 IF 数据库。

菌物卷各册名录通过多次数据整理和修改，并经过相关专家审核，形成最终的版本。各册作者不仅负责具体卷册的编写，还审阅了其他卷册的书稿，感谢各位作者的辛勤劳动和严格把关。在这里我们要感谢魏江春、郑儒永、李玉和庄文颖四位院士，正是他们对名录项目的关心和支持，才保证了菌物卷任务的完成；特别是庄文颖院士在项目进行过程中始终给予的极大关注和指导，使菌物卷得以成功编撰。全国有许多专家学者关心本菌物卷的编写，并以各种方式提供了帮助和支持，尤其是在完成书稿的最后阶段，牛永春研究员、范黎教授、魏鑫丽副研究员、邓晖副研究员、纪力强研究员、覃海宁研究员等专家参与了审稿工作，感谢各位专家的关心、支持和把关。目前，我国的菌物卷名录虽然还不完整，但全面的中国菌物名录有望在不久的将来得以问世，希望有更多的同行专家参与，给予更大的帮助和支持。

在此我们衷心感谢《中国生物物种名录》主编陈宜瑜院士和工作组组长马克平研究员对菌物卷的关心和重视，他们的大力支持使得本卷得以顺利出版。同时感谢科学出版社编辑在书稿的编写、审稿、编辑和排版中给予的精心指导和提出的严格要求，保证了全卷的水平和质量；中国科学院生物多样性委员会办公室刘忆南主任在项目执行中给予了多方面的帮助和支持，使项目能够平稳运转。

菌物卷工作组最初由姚一建研究员、魏铁铮副研究员和杨柳高级实验师组成，但参加本项目具体实施工作的人员很多，特别是在李先斌先生和赵明君女士加入后，工作组的力量得到了很大增强。我们也特别感谢苏锦河博士和王娜女士设计了"中国菌物名录数据库"软件包并在网络上安装运转，赵明君女士、刘朴博士、蒋淑华博士和徐彪博士等同行进行了大量枯燥的信息录入工作，李先斌先生负责早期的数据管理、提取和书稿的版面编排工作，赵明君女士和王科博士做了后期的数据处理、书稿修改工作，同时也得到了中国科学院微生物研究所菌物标本馆的邓红和吕红梅两位老师的全力配合。正是他们的默默的奉献才奠定了菌物卷名录印刷版编研的基础。最后，再次对众多同行专家的贡献表示诚挚的谢意。

《中国生物物种名录》菌物卷工作组

2018 年 4 月

中国各省（自治区、直辖市和特别行政区）名称和英文缩写

Abbreviations of provinces, autonomous regions and special administrative regions in China

Abb.	Regions	Abb.	Regions	Abb.	Regions	Abb.	Regions	Abb.	Regions	Abb.	Regions
AH	Anhui	GX	Guangxi	HK	Hong Kong	LN	Liaoning	SD	Shandong	XJ	Xinjiang
BJ	Beijing	GZ	Guizhou	HL	Heilongjiang	MC	Macau	SH	Shanghai	XZ	Xizang
CQ	Chongqing	HB	Hubei	HN	Hunan	NM	Inner Mongolia	SN	Shaanxi	YN	Yunnan
FJ	Fujian	HEB	Hebei	JL	Jilin	NX	Ningxia	SX	Shanxi	ZJ	Zhejiang
GD	Guangdong	HEN	Henan	JS	Jiangsu	QH	Qinghai	TJ	Tianjin		
GS	Gansu	HI	Hainan	JX	Jiangxi	SC	Sichuan	TW	Taiwan		

前　言

关于黏菌的概念、内容范围及分类地位，学者的见解不一致。因其营养体阶段为黏变形体和原生质团，具有无壁多核、能蠕动、具有摄食性等原生动物的特征；而繁殖体阶段为原生质团经过减数分裂形成单倍体孢子，孢子壁含甲壳质和纤维素等，这些又是植物具有的特征。由于黏菌兼具动物和植物的特征，很难被归入经典分类系统中的某一特定类群。18 世纪，瑞典生物学家林奈提出的生物两界系统中，黏菌被归属于菌类，隶属于植物界。而 de Bary 认为黏菌与原生动物关系更为密切，因此将其称为"菌虫"（Mycetozoa）。1969 年，Whittaker 提出生物五界系统，黏菌被划归为菌物界。近代，在超微结构和分子生物学等技术的快速发展下，Cavalier-Smith 提出了生物八界系统，黏菌被划归为原生动物界下的枝冠菌（Ramicristates）下面，包括三个纲，分别为原柄菌纲（Protostelea）、黏菌纲（Myxogastrea）和网柄菌纲（Dictyostelea）。目前，很多学者仍对黏菌的地位存在疑问，他们认为黏菌是有独立起源和独立发展方向的独立类群，不一定非与某些相近类群靠拢，可以独成一界。目前，"菌物"是真菌（真菌界 the Kingdom Fungi）、卵菌（菌藻界 the Kingdom Chromista）和黏菌（原生动物界 the Kingdom Protozoa）的统称（表1），为真菌学家所研究。

表 1　菌物

原生动物界 the Kingdom Protozoa	菌藻界 the Kingdom Chromista	真菌界 the Kingdom Fungi
根肿菌 Plasmodiophorids	丝壶菌门 Hyphochytriomycota	微孢菌门 Microsporidia
粪黏菌 Copromyxida	网黏菌门 Labyrinthulomycota	壶菌门 Chytridiomycota
涌泉菌 Fonticulida	卵菌门 Oomycota	球囊菌门 Glomeromycota
异裂菌 Heterolobosea		新丽鞭毛菌门 Neocallimastigomycota
枝冠菌 Ramicristates		芽枝霉门 Blastocladiomycota
原柄菌纲 Protostelea		子囊菌门 Ascomycota
黏菌纲 Myxogastrea (Myxomycetes)		担子菌门 Basidiomycota
网柄菌纲 Dictyostelea (Dictyosteliomycetes)		接合菌门 Zygomycota

黏菌纲菌物最早的记录可追溯到我国唐代在陈藏器所撰的《本草拾遗》中对"鬼屎"的记述，而李玉经过考证后明确指出，"鬼屎"是接近于煤绒菌的原生质团。由于书中的描述不够详尽，国际黏菌学家一般以 1654 年俄国人 Panckow 对现用名为粉瘤菌（*Lycogala epidendrum*）的描述作为对黏菌的初次记载。通常所说的黏菌是指黏菌纲中的菌物，又叫"真黏菌（Myxomycetes）"。黏菌纲是被称为黏菌的这三个纲中物种数量最多的纲。我国对于黏菌纲的研究起步较晚，20 世纪 20 年代末，中泽亮治（Nakazawa）在台湾进行了首次报道，但该报道涉及的标本已散失。Skvorzow 于 1931 年报道了采自黑龙江的 32 种真黏菌。邓叔群先生和周宗璜先生是我国最早从事黏菌纲研究的学者。1963 年，邓叔群先生在《中国的真菌》中描述了 5 目 9 科 30 属 124 种 18 变种；周宗璜先生撰写的国内第一部黏菌纲分类专著——《黏菌分类资料》共收录 6 目 11 科 56 属 513 种，将我国黏菌

研究推进到 1975 年。80 年代后，我国真黏菌的研究蓬勃发展，大量的新物种被命名，新记录种和新分布区被报道。1989 年，李玉和李惠中发表了 *Myxomycetes from China* I: *a Checklist of Myxomycetes from China*。2006 年，王琦和李玉撰写了《中国团毛菌目黏菌》一书，书中对 8 属 61 种真黏菌进行了实体显微镜、光学显微镜和扫描电子显微镜的观察研究。2008 年，李玉主编了《中国真菌志 黏菌卷》，书中对我国真黏菌的经济意义、生态分布、生活史、形态结构及其分类进行了详尽的记述，共记载真黏菌 11 科 44 属 300 种。而后，李玉团队继续对真黏菌进行调查研究，截至 2014 年，共报道 11 科 46 属 340 种。

网柄菌纲（Dictyostelea）菌物又被称作网柄细胞状黏菌（dictyostelids cellular slime molds），简称网柄菌（dictyostelids）。国内首次报道是 1981 年，白容霖从采自吉林、北京、陕西的土壤及枯枝腐叶中共分离报道了网柄菌属（*Dictyostelium*）4 种和轮柄菌属（*Polysphondylium*）1 种。随后李玉团队陆续对全国的网柄细胞状黏菌进行了调查研究。截至 2014 年，我国共报道网柄细胞状黏菌 36 种，其中网柄菌属（*Dictyostelium*）29 种、轮柄菌属（*Polysphondylium*）6 种、管柄菌属（*Acytostelium*）1 种。

原柄菌纲（Rotostelea）的菌物我国研究较少，仅限于对其中一个科——鹅绒菌科（Ceratiomyxaceae）中几个种的报道。

黏菌的分布没有明确的地理、生态限制。黏菌分布是世界性的，不仅在温带、亚热带有分布，而且在寒带和热带，甚至是南极、北极和水下也都有黏菌的生长（Stephenson & Stempen 1994）。黏菌尤其喜欢温暖湿润、枯枝落叶较多的森林地带。在森林中，腐朽的树皮、杂草、落叶，动物粪便，土壤，甚至大型真菌子实体上都可以发现黏菌子实体或营养体的生长。在城市草坪和树干、农田作物上也经常会发现黏菌。

随着研究的深入，黏菌逐渐被人们所认识和了解。黏菌会造成植物病害，令植物幼苗萎蔫。由于黏菌以菌丝体为食，还会给食用菌栽培带来巨大的损失，甚至绝收。1989 年，由盘头菌（*Trichamphora pezizoideum*）引起的木耳"流耳"，造成木耳严重减产。2008 年，辽宁省报道了一例由白煤绒菌（*Fuligo cinerea*）引起的树莓茎基部腐烂病，引发当地农民的恐慌。但黏菌也有很多益处，在医药领域，很多国家已经将黏菌应用于对肿瘤等疾病治疗的研究中。黏菌在生物系统中的特殊地位，也使它成为研究细胞学、遗传学等基础理论的理想实验材料。

相较于其他生物而言，目前有关黏菌的研究还不够深入。1973 年，美国将黏菌报道成"天外来客"。在我国，大量的新闻将"太岁"错误地报道为黏菌复合体。由此可见，对黏菌更为深入的研究十分必要。

编著者

2018 年 5 月

目　录

网柄菌纲 Dictyostelea anon.

网柄菌目 Dictyostelida anon.

无孢丝菌科 Acytosteliaceae Raper ex Raper & Quinlan

管柄菌属

Acytostelium Raper, Mycologia 48 (2): 179. 1956.

细长管柄菌［新拟］

Acytostelium leptosomum Raper, Mycologia 48 (2): 179. 1956. **Type:** United States (Illinois. Michigan & Wisconsin).
台湾（TW）；美国。
Hagiwara et al. 1992。

网柄菌科 Dictyosteliaceae Rostaf. ex Cooke

网柄菌属

Dictyostelium Bref., Abh. Senckenb. Naturforsch. Ges. 7: 85. 1870.

南极网柄菌

Dictyostelium antarcticum Cavender, S.L. Stephenson, J.C. Landolt & Vadell, N.Z. Jl Bot. 40 (2): 245. 2002. **Type:** New Zealand South.
江苏（JS）、湖北（HB）；新西兰。
Liu & Li 2012a。

阿拉伯网柄菌

Dictyostelium arabicum H. Hagiw., Bull. Natn. Sci. Mus., Tokyo, B 17 (3): 110. 1991. **Type:** Oman.
黑龙江（HL）；阿曼。
Liu & Li 2012b。

金衣网柄菌［新拟］

Dictyostelium aureocephalum H. Hagiw., Rep. Tottori Mycol. Inst. 28: 194. 1990. **Type:** Nepal.
Dictyostelium aureostipes var. *aureostipes* Cavender, Am. J. Bot. 66 (2): 209. 1979.
台湾（TW）；尼泊尔。
Hagiwara et al. 1992。

金柄网柄菌

Dictyostelium aureostipes Cavender, Am. J. Bot. 66 (2): 209. 1979. **Type:** United States (Florida).
辽宁（LN）；美国。

He & Yu 2005；何晓兰和李玉 2008。

布列菲氏网柄菌

Dictyostelium brefeldianum H. Hagiw., Bull. Natn. Sci. Mus., Tokyo, B 10 (1): 39. 1984. **Type:** Nepal.
台湾（TW）；尼泊尔。
Hagiwara et al. 1992。

棒形网柄菌

Dictyostelium clavatum H. Hagiw., Cryptogams of the Himalayas, 2. Central and Eastern Nepal (Tsukuba) 2: 26. 1990. **Type:** Nepal.
吉林（JL）、河南（HEN）、台湾（TW）；尼泊尔。
Fan et al. 2002；Liu & Li 2014；李超等 2014。

淡紫网柄菌

Dictyostelium coeruleostipes Raper & Fennell, Am. J. Bot. 54 (5): 519. 1967. **Type:** United States (Florida).
台湾（TW）；墨西哥、美国。
Fan & Yeh 2001。

粗茎网柄菌

Dictyostelium crassicaule H. Hagiw., Bull. Natn. Sci. Mus., Tokyo, B 10 (2): 67. 1984. **Type:** Japan.
贵州（GZ）；日本、韩国、乌克兰。
袁海艳等 2012。

泡状网柄菌

Dictyostelium culliculosum Y. Li & X.L. He, Mycotaxon 106: 380. 2009 [2008]. **Type:** China (Jilin).
吉林（JL）、西藏（XZ）。
He & Li 2008，2010。

娇柔网柄菌

Dictyostelium delicatum H. Hagiw., Bull. Natn. Sci. Mus., Tokyo, B 14 (3): 359. 1971. **Type:** Japan.
台湾（TW）；日本。
Hsu et al. 2001。

盘基网柄菌

Dictyostelium discoideum Raper, J. Agric. Res., Washington 50 (2): 135. 1935.
吉林（JL）、北京（BJ）。
白容霖 1983；吴恩奇和图力古尔 2006。

微小网柄菌［新拟］

Dictyostelium exiguum H. Hagiw., Bull. Natn. Sci. Mus.,

Tokyo, B 9 (4): 149. 1983. **Type:** Nepal.

台湾（TW）；尼泊尔。

Yeh & Chen 2004。

黏孢网柄菌

Dictyostelium gloeosporum H. Hagiw., Bull. Natn. Sci. Mus., Tokyo, B 29 (4): 127. 2003. **Type:** Japan (Honshu).

海南（HI）；日本。

Liu & Li 2012a。

纤弱网柄菌

Dictyostelium gracile H. Hagiw., Bull. Natn. Sci. Mus., Tokyo, B 9 (4): 150. 1983. **Type:** Nepal.

吉林（JL）；尼泊尔。

Liu & Li 2014。

交织网柄菌

Dictyostelium implicatum H. Hagiw., Bull. Natn. Sci. Mus., Tokyo, B 10 (2): 63. 1984. **Type:** Japan.

贵州（GZ）；日本、德国、乌克兰、美国。

袁海艳等 2012。

浅紫网柄菌

Dictyostelium lavandulum Raper & Fennell, Am. J. Bot. 54 (5): 519. 1967. **Type:** Costa Rica.

台湾（TW）；哥斯达黎加。

Hagiwara et al. 1992。

大头网柄菌

Dictyostelium macrocephalum H. Hagiw., Z.Y. Yeh & C.Y. Chien, Bull. Natn. Sci. Mus., Tokyo, B 11 (3): 104. 1985. **Type:** China (Taiwan).

贵州（GZ）、台湾（TW）；日本。

Hagiwara et al. 1992；袁海艳等 2012。

大网柄菌

Dictyostelium magnum H. Hagiw., Bull. Natn. Sci. Mus., Tokyo, B 9 (4): 155. 1983. **Type:** Nepal.

云南（YN）、台湾（TW）；日本、尼泊尔、阿曼、乌克兰。

Hagiwara et al. 1992；袁海艳等 2012。

小果网柄菌

Dictyostelium microsorocarpum Y. Li & X.L. He, in He & Li, Mycotaxon 111: 288. 2010. **Type:** China (Tibet).

西藏（XZ）。

He & Li 2010。

小网柄菌

Dictyostelium minutum Raper, Mycologia 33 (6): 634. 1941. **Type:** United States (Virginia. Massachusetts & Maryland).

台湾（TW）；美国。

Fan et al. 2002。

单轴网柄菌

Dictyostelium monochasioides H. Hagiw., Bull. Natn. Sci.

Mus., Tokyo, B 16 (3): 494. 1973. **Type:** Papua New Guinea.

台湾（TW）；巴布亚新几内亚。

Hagiwara et al. 1992。

毛霉状网柄菌

Dictyostelium mucoroides Bref., Abh. Senckenb. Naturforsch. Ges. 7: 85. 1869. **Type:** France.

吉林（JL）、北京（BJ）；印度、尼泊尔、阿曼、丹麦、法国、德国、荷兰、瑞士、乌干达、加拿大、哥斯达黎加、美国、新西兰。

白容霖 1983；Liu & Li 2014。

多柄网柄菌

Dictyostelium multistipes Cavender, Am. J. Bot. 63 (1): 63. 1976. **Type:** Indonesia (Jawa).

吉林（JL）；印度尼西亚。

Liu & Li 2014。

多头网柄菌

Dictyostelium polycephalum Raper, J. Gen. Microbiol. 14: 717. 1956. **Type:** United States.

台湾（TW）；美国。

Hagiwara et al. 1992。

紫网柄菌

Dictyostelium purpureum Olive, Proc. Amer. Acad. Arts & Sci. 37 (12): 340. 1901.

吉林（JL）、北京（BJ）、河南（HEN）、台湾（TW）。

白容霖 1983；Hagiwara et al. 1992；李超等 2014。

根足网柄菌

Dictyostelium rhizopodium Raper & Fennell, Am. J. Bot. 54 (5): 517. 1967. **Type:** Panama.

台湾（TW）；巴拿马。

Hagiwara et al. 1992。

强壮网柄菌

Dictyostelium robustum H. Hagiw., Bull. Natn. Sci. Mus., Tokyo, B 22 (2): 51. 1996. **Type:** Japan.

吉林（JL）；日本。

Ren et al. 2014。

玫瑰网柄菌

Dictyostelium rosarium Raper & Cavender, J. Elisha Mitchell Scient. Soc. 84: 31. 1968. **Type:** United States (Texas).

黑龙江（HL）、吉林（JL）；美国。

Ren et al. 2014。

圆头网柄菌

Dictyostelium sphaerocephalum (Oudem.) Sacc. & Marchal, in Marchal, Bull. Soc. R. Bot. Belg. 24 (1): 74. 1885.

黑龙江（HL）、河南（HEN）、海南（HI）；日本、比利时、德国、荷兰、瑞士、乌克兰、英国、肯尼亚、南非、哥斯达黎加；美洲。

Liu & Li 2012a，2012b；李超等 2014。

轮柄菌属

Polysphondylium Bref., Unters. Gesammtgeb. Mykol. (Liepzig) 6: 5. 1884.

册轮柄菌

Polysphondylium album Olive, Proc. Amer. Acad. Arts & Sci. 37 (12): 342. 1901.

黑龙江（HL）；美洲。

Liu & Li 2012b。

亮白轮柄菌

Polysphondylium candidum H. Hagiw., Rep. Tottori Mycol. Inst. 10: 591. 1973. **Type:** Japan.

吉林（JL）、河南（HEN）、江苏（JS）；日本、德国、加拿大、墨西哥、美国。

He & Yu 2005；何晓兰和李玉 2008；Liu & Li 2012a；李超等 2014。

苍白轮柄菌［新拟］

Polysphondylium pallidum Olive, Proc. Amer. Acad. Arts & Sci. 37 (12): 341. 1901.

台湾（TW）。

Hagiwara et al. 1992。

伪纯白色轮柄菌

Polysphondylium pseudocandidum H. Hagiw., Bull. Natn. Sci. Mus., Tokyo, B 5 (3): 67. 1979. **Type:** Japan.

吉林（JL）；日本。

Ren et al. 2014。

纤细轮柄菌

Polysphondylium tenuissimum H. Hagiw., Bull. Natn. Sci. Mus., Tokyo, B 5 (3): 69. 1979. **Type:** Japan.

河南（HEN）；日本。

李超等 2014。

紫轮柄菌

Polysphondylium violaceum Bref., Unters. Gesammtgeb. Mykol. (Liepzig) 6: 5. 1884.

吉林（JL）、河南（HEN）、陕西（SN）、台湾（TW）；印度尼西亚、日本、马来西亚、尼泊尔、菲律宾、新加坡、泰国、德国、意大利、荷兰、西班牙、瑞士、肯尼亚、坦桑尼亚、乌干达、加拿大、哥斯达黎加、墨西哥、美国、南斯拉夫。

白容霖 1983；Hagiwara et al. 1992；Liu & Li 2014；李超等 2014。

鱼孢霉纲 Ichthyosporea Caval.-Sm.

外毛霉目 Eccrinida L. Léger & Duboscq

变形毛菌科 Amoebidiidae J.L. Licht.

副变毛菌属

Paramoebidium L. Léger & Duboscq, C. R. Hebd. Séanc. Acad. Sci., Paris 189: 75. 1929.

棒状副变毛菌

Paramoebidium bacillare Strongman, Juan Wang & S.Q. Xu, Mycologia 102 (1): 178. 2010. **Type:** China (Shaanxi).

陕西（SN）。

Strongman et al. 2010。

黏菌纲 **Myxogastrea** L.S. Olive

刺轴菌目 Echinostelida anon.

碎皮菌科 **Clastodermataceae** Alexop. & T.E. Brooks

碎皮菌属

Clastoderma A. Blytt, Bot. Ztg. 38: 343. 1880.

碎皮菌

Clastoderma debaryanum A. Blytt, Bot. Ztg. 38: 343. 1880. **Type:** Norway.

Clastoderma debaryanum var. *imperatorium* Emoto, Bot. Mag., Tokyo 23: 172. 1929.

Clastoderma dictyosporum T.N. Lakh. & Mukerji, Norw. Jl Bot. 23: 110. 1976.吉林（JL）、内蒙古（NM）、江苏（JS）、湖南（HN）、贵州（GZ）、云南（YN）、福建（FJ）、台湾（TW）、广东（GD）、广西（GX）、海南（HI）、香港（HK）、澳门（MC）；印度、日本、朝鲜、挪威、巴拿马、美国、澳大利亚；欧洲、美洲。

刘宗麟 1982；Liu 1983；Ing 1987；Chiang & Liu 1991；袁海滨和陈双林 1996；Chung & Liu 1997a；Chung et al. 1997；Chen 1999；陈双林 2002；Tolgor et al. 2003a；Härkönen et al. 2004a，2004b；王琦和李玉 2004；杨乐等 2004b；陈萍等 2005；徐美琴等 2006；李玉 2007a；戴群等 2010；闫淑珍等 2012。

碎皮菌原变种

Clastoderma debaryanum var. **debaryanum** A. Blytt, Bot. Ztg. 38: 343. 1880.

台湾（TW）。

Chung & Liu 1997a。

粗柄碎皮菌

Clastoderma pachypus Nann.-Bremek., Proc. K. Ned. Akad. Wet., Ser. C, Biol. Med. Sci. 71: 44. 1968. **Type:** France.

吉林（JL）、西藏（XZ）；法国。

Tolgor et al. 2003a；杨乐等 2004a，2004b；陈双林等 2010。

刺丝菌科 **Echinosteliaceae** Rostaf. ex Cooke

刺轴菌属

Echinostelium de Bary, Vers. Syst. Mycetozoen (Strassburg) p 7. 1873.

顶囊刺轴菌

Echinostelium apitectum K.D. Whitney, Mycologia 72 (5): 954. 1980. **Type:** United States (California).

湖南（HN）、台湾（TW）；美国。

Tolgor et al. 2003a；Härkönen et al. 2004a，2004b；闫淑珍等 2012。

树状刺轴菌

Echinostelium arboreum H.W. Keller & T.E. Brooks, Mycologia 68 (6): 1207. 1977 [1976]. **Type:** Mexico.

台湾（TW）；墨西哥。

闫淑珍等 2012。

刺轴菌

Echinostelium minutum de Bary, in Rostafinski, Śluzowce Monogr. (Paryz) p 215. 1875.

吉林（JL）、湖南（HN）、湖北（HB）、台湾（TW）、广东（GD）、广西（GX）、海南（HI）、香港（HK）；牙买加、墨西哥、美国、澳大利亚；欧洲、美洲。

刘宗麟 1982；Liu 1983；Ing 1987；Chiang & Liu 1991；陈双林 2002；Tolgor et al. 2003a；Härkönen et al. 2004a，2004b；杨乐等 2004b；李玉 2007a。

疏丝刺轴菌

Echinostelium paucifilum K.D. Whitney, Mycologia 72 (5): 974. 1980. **Type:** United States (California).

台湾（TW）、澳门（MC）；美国。

Chung et al. 1997；Tolgor et al. 2003a；闫淑珍等 2012。

无丝菌目 Liceida anon.

筛菌科 **Cribrariaceae** Corda

筛菌属

Cribraria Pers., Neues Mag. Bot. 1: 91. 1794.

角孢筛菌

Cribraria angulospora C.H. Liu & J.H. Chang, Taiwania 52 (2): 164. 2007. **Type:** China (Taiwan).

台湾（TW）。

Liu & Chang 2007；闫淑珍等 2012。

黄筛菌

Cribraria argillacea (Pers.) Pers., Neues Mag. Bot. 1: 91.

1794.

黑龙江（HL）、吉林（JL）、辽宁（LN）、内蒙古（NM）、河南（HEN）、陕西（SN）、甘肃（GS）、湖北（HB）、贵州（GZ）、云南（YN）、西藏（XZ）、台湾（TW）；欧洲、非洲（南部）、北美洲。

刘宗麟 1982；Li Y & Li HZ 1989；陈双林等 1994，2010；王琦等 1994；Chen et al. 1999；Tolgor et al. 2003a；杨乐等 2004b；陈萍等 2005；李玉 2007a；戴群等 2010；李明和李玉 2011。

暗褐筛菌
Cribraria atrofusca G.W. Martin & Lovejoy, in Martin, J. Wash. Acad. Sci. 22 (4): 92. 1932.

吉林（JL）、辽宁（LN）、河南（HEN）、陕西（SN）、甘肃（GS）、湖北（HB）、福建（FJ）；菲律宾、美国。

刘宗麟 1982；Li Y & Li HZ 1989；Chen et al. 1999；Tolgor et al. 2003a；杨乐等 2004b；李玉 2007a；李明和李玉 2011。

黄褐筛菌
Cribraria aurantiaca Schrad., Nov. Gen. Pl. (Lipsiae) p 5. 1797.

黑龙江（HL）、吉林（JL）、河北（HEB）、湖南（HN）、福建（FJ）、台湾（TW）；加拿大、美国；欧洲。

刘宗麟 1982；Li Y & Li HZ 1989；王琦等 1994；Tolgor et al. 2003a；Härkönen et al. 2004b；杨乐等 2004a，2004b；李玉 2007a；王晓丽等 2010。

方格筛菌原变种［新拟］
Cribraria cancellata var. **cancellata** (Batsch) Nann.-Bremek., Nederlandse Myxomyceten (Amsterdam) p 92. 1975 [1974].

Cribraria cancellata (Batsch) Nann.-Bremek., Nederlandse Myxomyceten (Amsterdam) p 92. 1975 [1974].

Dictydium cancellatum (Batsch) T. Macbr., N. Amer. Slime-Moulds, Edn 1 (New York) p 230, tab. 10, fig. 2. 1899.

黑龙江（HL）、吉林（JL）、辽宁（LN）、内蒙古（NM）、北京（BJ）、河南（HEN）、陕西（SN）、宁夏（NX）、甘肃（GS）、青海（QH）、江苏（JS）、湖南（HN）、四川（SC）、贵州（GZ）、云南（YN）、西藏（XZ）、福建（FJ）、广东（GD）、广西（GX）、香港（HK）。

臧穆 1980；黄年来等 1981；刘宗麟 1982；Li Y & Li HZ 1989；陈双林等 1994，1999a，2010；王琦等 1994；陈双林和李玉 1995；Chen et al. 1999；Ho et al. 2001，2002；图力古尔和李玉 2001a；陈双林 2002；Härkönen et al. 2004b；王琦和李玉 2004；杨乐等 2004a，2004b；Zhuang 2005；李玉 2007a；王宽仓等 2009；戴群等 2010；闫淑珍等 2010，2012；陈小姝等 2011；李明和李玉 2011；朱鹤等 2013。

混淆筛菌
Cribraria confusa Nann.-Bremek. & Y. Yamam., Proc. K. Ned. Akad. Wet., Ser. C, Biol. Med. Sci. 86 (2): 212. 1983.

Type: Japan (Honshu).

吉林（JL）、辽宁（LN）、内蒙古（NM）、安徽（AH）、江苏（JS）、浙江（ZJ）、湖南（HN）、贵州（GZ）、台湾（TW）、广西（GX）、香港（HK）、澳门（MC）；日本；欧洲、美洲。

Li Y & Li HZ 1989；Chiang & Liu 1991；陈双林等 1994；Chung et al. 1997；陈双林 2002；Tolgor et al. 2003a；Härkönen et al. 2004a，2004b；杨乐等 2004b；徐美琴等 2006；李玉 2007a；戴群等 2010；李明和李玉 2011；闫淑珍等 2012。

肋筛菌
Cribraria dictydioides Cooke & Balf. f. ex Massee, Monogr. Myxogastr. (London) p 65. 1892.

Cribraria intricata var. *dictydioides* (Cooke & Balf. f. ex Massee) Lister, Monogr. Mycetozoa (London) p 144. 1894.

内蒙古（NM）、河北（HEB）、山西（SX）、山东（SD）、河南（HEN）、陕西（SN）、甘肃（GS）、安徽（AH）、台湾（TW）。

Chen et al. 1999；Tolgor et al. 2003a，2003b。

格孢筛菌
Cribraria dictyospora G.W. Martin & Lovejoy, J. Wash. Acad. Sci. 22 (4): 91. 1932.

黑龙江（HL）、吉林（JL）、辽宁（LN）、内蒙古（NM）；美国。

刘宗麟 1982；Li Y & Li HZ 1989；Tolgor et al. 2003a，2003b；杨乐等 2004a，2004b；李玉 2007a。

红筛菌
Cribraria elegans Berk. & M.A. Curtis, Grevillea 2 (no. 17): 67. 1873.

黑龙江（HL）、吉林（JL）、辽宁（LN）、内蒙古（NM）；美国。

王琦等 1994；Tolgor et al. 2003a，2003b；李玉 2007a。

无节筛菌
Cribraria enodis Z.H. Zhou & Y. Li, Acta Mycol. Sin. 2 (1): 38. 1983. **Type:** China (Shanxi).

山西（SX）、河南（HEN）、陕西（SN）、甘肃（GS）。

周宗璜和李玉 1983；Li Y & Li HZ 1989；Chen et al. 1999；Tolgor et al. 2003a；Zhuang 2005；李玉 2007a。

锈红筛菌
Cribraria ferruginea Meyl., Annuaire Conser. et Jard. Bot. Genève 15-16: 319. 1913.

黑龙江（HL）、吉林（JL）、辽宁（LN）、内蒙古（NM）、青海（QH）；瑞士、墨西哥、美国。

Tolgor et al. 2003a，2003b；Li et al. 2004；杨乐等 2004a，2004b；李玉 2007a；闫淑珍等 2010。

线形筛菌
Cribraria filiformis Nowotny & H. Neubert, in Neubert,

Nowotny & Baumann, Die Myxomyceten Deutschlands und des angrenzenden Alpenraumes unter besonderer Berücksichtigung Österreichs, 1. Ceratiomyxales, Echinosteliales, Liceales, Trichiales (Gomaringen) p 77. 1993. **Type:** Austria.

吉林（JL）、内蒙古（NM）；奥地利；欧洲。

Li et al. 2004；李玉 2007a；陈小姝等 2011。

密筛菌

Cribraria intricata Schrad., Nov. Gen. Pl. (Lipsiae) p 7. 1797.

黑龙江（HL）、吉林（JL）、辽宁（LN）、内蒙古（NM）、甘肃（GS）、安徽（AH）、湖北（HB）、贵州（GZ）、云南（YN）、福建（FJ）、台湾（TW）。

刘宗麟 1982；Li Y & Li HZ 1989；陈双林等 1994；王琦等 1994；王琦和李玉 2004；杨乐等 2004b；陈萍等 2005；Zhuang 2005；李玉 2007a；戴群等 2010；李明和李玉 2011；闫淑珍等 2012。

密筛菌交织变种

Cribraria intricata var. **intricata** Schrad., Nov. Gen. Pl. (Lipsiae) p 7. 1797.

黑龙江（HL）、吉林（JL）、辽宁（LN）、内蒙古（NM）、湖北（HB）、福建（FJ）、台湾（TW）。

Tolgor et al. 2003a。

不整筛菌

Cribraria irregularis Y. Li, Mycoscience 43 (3): 247. 2002. **Type:** China (Hubei).

安徽（AH）、江苏（JS）、浙江（ZJ）、江西（JX）、湖南（HN）、湖北（HB）。

Li 2002；Tolgor et al. 2003a，2003b；李玉 2007a。

紫褐筛菌

Cribraria languescens Rex, Proc. Acad. Nat. Sci. Philad. 43 (2): 394. 1891.

吉林（JL）、江苏（JS）、湖南（HN）、云南（YN）、福建（FJ）、台湾（TW）；美国；欧洲、非洲。

刘宗麟 1982；Li Y & Li HZ 1989；Tolgor et al. 2003a；Härkönen et al. 2004b；王琦和李玉 2004；杨乐等 2004b；陈萍等 2005；李玉 2007a；闫淑珍等 2012。

细弱筛菌

Cribraria laxa Hagelst., Mycologia 21 (5): 298. 1929.

台湾（TW）；日本；北美洲。

Liu et al. 2006a。

大筛菌

Cribraria macrocarpa Schrad., Nov. Gen. Pl. (Lipsiae) p 8. 1797.

黑龙江（HL）、吉林（JL）、西藏（XZ）、台湾（TW）；日本、朝鲜、巴基斯坦、美国、智利、哥伦比亚、澳大利亚；欧洲。

刘宗麟 1982；Li Y & Li HZ 1989；王琦等 1994；Tolgor et al. 2003a；杨乐等 2004b；李玉 2007a；陈双林等 2010。

大孢筛菌

Cribraria macrospora Nowotny & H. Neubert, in Neubert, Nowotny & Baumann, Die Myxomyceten Deutschlands und des angrenzenden Alpenraumes unter besonderer Berücksichtigung Österreichs, 1. Ceratiomyxales, Echinosteliales, Liceales, Trichiales (Gomaringen) p 85. 1993. **Type:** Austria.

西藏（XZ）、广西（GX）；奥地利；欧洲。

Li et al. 2004；李玉 2007a。

宽肋筛菌

Cribraria martinii Nann.-Bremek., Acta Bot. Neerl. 13: 140. 1964. **Type:** Netherlands.

吉林（JL）、河南（HEN）、陕西（SN）、甘肃（GS）；荷兰、英国、美国。

刘宗麟 1982；Li Y & Li HZ 1989；Chen et al. 1999；Tolgor et al. 2003a；杨乐等 2004a，2004b；李玉 2007a。

中间筛菌

Cribraria media H.Z. Li & Y. Li, in Li & Li, Mycotaxon 53: 71. 1995. **Type:** China (Fujian).

福建（FJ）、台湾（TW）、广东（GD）、广西（GX）、海南（HI）。

Li Y & Li HZ 1995；Tolgor et al. 2003a，2003b；李玉 2007a。

小筛菌

Cribraria microcarpa (Schrad.) Pers., Syn. Meth. Fung. (Göttingen) 1: 190. 1801.

Cribraria microcarpa var. *microcarpa* (Schrad.) Pers., Syn. Meth. Fung. (Göttingen) 1: 190. 1801.

Trichia microcarpa (Schrad.) Poir., in Lamarck, Encyclop. Mycol. 8: 54. 1808.

黑龙江（HL）、吉林（JL）、内蒙古（NM）、陕西（SN）、安徽（AH）、浙江（ZJ）、湖南（HN）、湖北（HB）、四川（SC）、云南（YN）、福建（FJ）、台湾（TW）、广西（GX）、香港（HK）；日本、哥伦比亚、新西兰；亚洲（南部）、欧洲、非洲、北美洲。

刘宗麟 1982；Liu 1983；Li Y & Li HZ 1989；李玉等 1989；Chiang & Liu 1991；王琦等 1994；Chen 1999；图力古尔和李玉 2001a；陈双林 2002；Tolgor et al. 2003a；Härkönen et al. 2004a，2004b；王琦和李玉 2004；杨乐等 2004b；李玉 2007a；潘景芝等 2009；刘福杰等 2010；王晓丽等 2010；闫淑珍等 2012；朱鹤等 2013。

小筛菌粗网变种

Cribraria microcarpa var. **pachydictyon** (Nann.-Bremek.) Y. Yamam., The Myxomycete Biota of Japan (Tokyo) p 81. 1998.

台湾（TW）；日本；北美洲。

Liu et al. 2006a。

极小筛菌

Cribraria minutissima Schwein., Trans. Am. Phil. Soc., New Series 4 (2): 260. 1832 [1834].

黑龙江（HL）、吉林（JL）、内蒙古（NM）、安徽（AH）、湖南（HN）、湖北（HB）、西藏（XZ）、福建（FJ）、台湾（TW）、广西（GX）、香港（HK）；美国、乌拉圭；欧洲。

刘宗麟 1982；Liu 1983；Li Y & Li HZ 1989；王琦等 1994；陈双林 2002；Härkönen et al. 2004b；杨乐等 2004a，2004b；徐美琴 2006；李玉 2007a；陈双林等 2010；闫淑珍等 2012。

奇异筛菌［新拟］

Cribraria mirabilis (Rostaf.) Massee, Monogr. Myxogastr. (London) p 60. 1892.

Dictydium mirabile (Rostaf.) Meyl., Bull. Soc. Vaud. Sci. Nat. 57: 305. 1931.

内蒙古（NM）、新疆（XJ）、安徽（AH）、湖南（HN）、西藏（XZ）、福建（FJ）、台湾（TW）；日本、瑞典、美国（加利福尼亚州）；欧洲。

Li Y & Li HZ 1989；Tolgor et al. 2003a；Härkönen et al. 2004b；Liu et al. 2006a；李玉 2007a；陈双林等 2010。

山地筛菌

Cribraria montana Nann.-Bremek., Proc. K. Ned. Akad. Wet., Ser. C, Biol. Med. Sci. 76 (5): 476. 1973. **Type:** France.

黑龙江（HL）、吉林（JL）、辽宁（LN）、内蒙古（NM）、西藏（XZ）；法国、瑞典。

刘宗麟 1982；Li Y & Li HZ 1989；Tolgor et al. 2003a，2003b；杨乐等 2004a，2004b；李玉 2007a；陈双林等 2010；李明和李玉 2011。

暗小筛菌

Cribraria oregana H.C. Gilbert, in Peck & Gilbert, Am. J. Bot. 19: 142. 1932. **Type:** United States (Oregon).

Cribraria vulgaris var. *oregana* (H.C. Gilbert) Nann.-Bremek. & Lado, Proc. K. Ned. Akad. Wet., Ser. C, Biol. Med. Sci. 88 (2): 224. 1985.

吉林（JL）、内蒙古（NM）、青海（QH）、云南（YN）、西藏（XZ）、台湾（TW）；日本、美国；欧洲、北美洲。

刘宗麟 1982；Li Y & Li HZ 1989；陈双林等 1994，2010；Tolgor et al. 2003a；杨乐等 2004b；Liu et al. 2006a；李玉 2007a；闫淑珍等 2010，2012。

粗网筛菌

Cribraria pachydictyon Nann.-Bremek., Proc. K. Ned. Akad. Wet., Ser. C, Biol. Med. Sci. 69: 342. 1966. **Type:** Netherlands.

贵州（GZ）；荷兰。

徐美琴等 2006；戴群等 2010。

网格筛菌

Cribraria paucidictyon Y. Li, Mycoscience 43 (3): 247. 2002.

Type: China (Beijing).

北京（BJ）。

Li 2002；Tolgor et al. 2003a；李玉 2007a。

皱杯筛菌

Cribraria persoonii Nann.-Bremek., Proc. K. Ned. Akad. Wet., Ser. C, Biol. Med. Sci. 74 (4): 353. 1971. **Type:** France.

吉林（JL）、河南（HEN）、陕西（SN）、甘肃（GS）、西藏（XZ）；法国、英国、美国、新西兰。

Chen et al. 1999；Tolgor et al. 2003a；杨乐等 2004b；Zhuang 2005；李玉 2007a；陈双林等 2010。

梨形筛菌

Cribraria piriformis Schrad., Nov. Gen. Pl. (Lipsiae) p 4. 1797.

吉林（JL）、西藏（XZ）、福建（FJ）、台湾（TW）；日本；欧洲、北美洲。

刘宗麟 1982；Li Y & Li HZ 1989；Tolgor et al. 2003a；杨乐等 2004a，2004b；李玉 2007a；陈双林等 2010。

紫红筛菌

Cribraria purpurea Schrad., Nov. Gen. Pl. (Lipsiae) p 8. 1797.

黑龙江（HL）、吉林（JL）。

刘宗麟 1982；Li Y & Li HZ 1989；Tolgor et al. 2003a；杨乐等 2004b；李玉 2007a；朱鹤和王琦 2009。

橙红筛菌

Cribraria rufa (Roth) Rostaf., Śluzowce Monogr. (Paryz) p 232. 1875 [1874].

吉林（JL）、内蒙古（NM）、陕西（SN）、西藏（XZ）；日本、加拿大、美国；欧洲。

Li Y & Li HZ 1989；Tolgor et al. 2003a；杨乐等 2004b；李玉 2007a；陈双林等 2010。

赭红筛菌［新拟］

Cribraria rutila (G. Lister) Nann.-Bremek., Acta Bot. Neerl. 11: 22. 1962.

Dictydium rutilum G. Lister, J. Bot., Lond. 71: 222. 1933.

福建（FJ）。

黄年来等 1981。

美筛菌

Cribraria splendens (Schrad.) Pers., Syn. Meth. Fung. (Göttingen) 1: 191. 1801.

黑龙江（HL）、吉林（JL）、安徽（AH）、湖南（HN）、湖北（HB）、云南（YN）、西藏（XZ）、台湾（TW）；日本、加拿大、美国；欧洲。

刘宗麟 1982；Li Y & Li HZ 1989；王琦等 1994；Tolgor et al. 2003a；Härkönen et al. 2004b；王琦和李玉 2004；杨乐等 2004b；李玉 2007a；陈双林等 2010。

细筛菌

Cribraria tenella Schrad., Nov. Gen. Pl. (Lipsiae) p 6. 1797.

黑龙江（HL）、吉林（JL）、河北（HEB）、北京（BJ）、安徽（AH）、浙江（ZJ）、湖北（HB）、西藏（XZ）、福建（FJ）、台湾（TW）、海南（HI）。

刘宗麟 1982；Li Y & Li HZ 1989；王琦等 1994；Tolgor et al. 2003a；杨乐等 2004a，2004b；李玉 2007a；陈双林等 2010。

紫筛菌

Cribraria violacea Rex, Proc. Acad. Nat. Sci. Philad. 43 (2): 393. 1891.

吉林（JL）、山西（SX）、陕西（SN）、江苏（JS）、湖南（HN）、湖北（HB）、四川（SC）、云南（YN）、福建（FJ）、台湾（TW）、香港（HK）；美国。

刘宗麟 1982；Liu 1983；Li Y & Li HZ 1989；李宗英等 1992；陈双林和李玉 1995；袁海滨和陈双林 1996；Ho et al. 2002；Tolgor et al. 2003a；Härkönen et al. 2004b；王琦和李玉 2004；杨乐等 2004b；徐美琴等 2006；李玉 2007a；潘景芝等 2009；刘福杰等 2010；陈小妹等 2011；闫淑珍等 2012。

橙筛菌

Cribraria vulgaris Schrad., Nov. Gen. Pl. (Lipsiae) p 5. 1797.

吉林（JL）、辽宁（LN）、湖南（HN）、四川（SC）、西藏（XZ）、台湾（TW）；加拿大、美国；亚洲（南部）、欧洲。

刘宗麟 1982；Li Y & Li HZ 1989；Tolgor et al. 2003a；Härkönen et al. 2004b；杨乐等 2004b；李玉 2007a；陈双林等 2010；李明和李玉 2011。

灯笼菌属

Dictydium Schrad., Nov. Gen. Pl. (Lipsiae) p 20. 1797.

灯笼菌污褐亚种［新拟］

Dictydium cancellatum subsp. **fuscum** (Lister) Meyl., Bull. Soc. Vaud. Sci. Nat. 59: 485. 1937.

台湾（TW）。

Tolgor et al. 2003a。

合囊菌属

Lindbladia Fr., Summa veg. Scand., Sectio Post. (Stockholm) p 449. 1849.

合囊菌

Lindbladia tubulina Fr., Summa veg. Scand., Sectio Post. (Stockholm) p 449. 1849.

黑龙江（HL）、吉林（JL）、河北（HEB）、安徽（AH）、浙江（ZJ）；日本、德国、美国。

刘宗麟 1982；Li Y & Li HZ 1989；王琦等 1994；Tolgor et al. 2003a；杨乐等 2004b；李玉 2007a。

线筒菌科 Dictydiaethaliaceae Nann.-Bremek. ex H. Neubert, Nowotny & K. Baumann

线筒菌属

Dictydiaethalium Rostaf., Vers. Syst. Mycetozoen (Strassburg) p 5. 1873.

网孢线筒菌［新拟］

Dictydiaethalium dictyosporangium B. Zhang & Y. Li, Mycotaxon 129 (2): 456. 2015 [2014]. **Type:** China (Henan).

河南（HEN）。

Zhang & Li 2014。

线筒菌

Dictydiaethalium plumbeum (Schumach.) Rostaf. ex Lister, Monogr. Mycetozoa (London) p 157. 1894.

Dictydiaethalium plumbeum f. *plumbeum* (Schumach.) Rostaf. ex Lister, Monogr. Mycetozoa (London) p 157. 1894.

Dictydiaethalium plumbeum f. *cinnabarinum* (Berk. & Broome) Y. Yamam., The Myxomycete Biota of Japan (Tokyo) p 106. 1998.

黑龙江（HL）、吉林（JL）、辽宁（LN）、甘肃（GS）、青海（QH）、安徽（AH）、湖南（HN）、湖北（HB）、贵州（GZ）、云南（YN）、福建（FJ）、台湾（TW）、广西（GX）、海南（HI）。

臧穆 1980；Liu 1981；黄年来等 1981；刘宗麟 1982；Li Y & Li HZ 1989；陈双林 2002；Tolgor et al. 2003a；Härkönen et al. 2004b；杨乐等 2004b；陈萍等 2005；Zhuang 2005；Liu et al. 2006b；李玉 2007a；陈双林等 2009；戴群等 2010；闫淑珍等 2010，2012；李明和李玉 2011。

无丝菌科 Liceaceae Chevall.

无丝菌属

Licea Schrad., Nov. Gen. Pl. (Lipsiae) p 16. 1797.

纵裂无丝菌原变种［新拟］

Licea biforis var. **biforis** Morgan, J. Cincinnati Soc. Nat. Hist. 15: 131. 1893.

Licea biforis Morgan, J. Cincinnati Soc. Nat. Hist. 15: 131. 1893.

黑龙江（HL）、湖南（HN）、湖北（HB）、福建（FJ）、台湾（TW）；希腊、荷兰、波兰、美国；非洲。

Li Y & Li HZ 1989；Tolgor et al. 2003a；Härkönen et al. 2004a，2004b；李玉 2007a。

头状无丝菌

Licea capitata Ing & McHugh, Trans. Br. Mycol. Soc. 78 (3): 439. 1982. **Type:** United Kingdom.

台湾（TW）；英国。

Chiang & Liu 1991；Tolgor et al. 2003a。

裸露无丝菌
Licea denudescens H.W. Keller & T.E. Brooks, Mycologia 69 (4): 679. 1977. **Type:** United States (Florida).
云南（YN）、福建（FJ）、台湾（TW）、广东（GD）、广西（GX）、海南（HI）；美国；欧洲、美洲。
Ing 1987；Li Y & Li HZ 1989；Tolgor et al. 2003a，2003b；陈萍等 2005；李玉 2007a；闫淑珍等 2012。

直立无丝菌
Licea erecta K.S. Thind & Dhillon, Mycologia 59: 463. 1967. **Type:** India (Darjeeling).
湖南（HN）、福建（FJ）、台湾（TW）、香港（HK）；印度、泰国。
Tolgor et al. 2003a；Härkönen et al. 2004a，2004b；李玉 2007a；闫淑珍等 2012。

直立无丝菌直立变种［新拟］
Licea erecta var. **erectoides** (Nann.-Bremek. & Y. Yamam.) Y. Yamam., The Myxomycete Biota of Japan (Tokyo) p 130. 1998.
福建（FJ）、台湾（TW）、广东（GD）、广西（GX）、海南（HI）。
Tolgor et al. 2003b。

立状无丝菌
Licea erectoides Nann.-Bremek. & Y. Yamam., Proc. K. Ned. Akad. Wet., Ser. C, Biol. Med. Sci. 86 (2): 209. 1983. **Type:** Japan (Honshu).
香港（HK）；日本。
Ing 1987；Li Y & Li HZ 1989；Tolgor et al. 2003a；李玉 2007a。

铜盖无丝菌
Licea kleistobolus G.W. Martin, Mycologia 34 (6): 702. 1942.
台湾（TW）、香港（HK）；奥地利、希腊、波兰、英国（苏格兰）、美国。
Li Y & Li HZ 1989；Chiang & Liu 1991；Tolgor et al. 2003a；李玉 2007a；闫淑珍等 2012。

极小无丝菌
Licea minima Fr., Syst. Mycol. (Lundae) 3 (1): 199. 1829.
吉林（JL）、湖南（HN）、云南（YN）、台湾（TW）；日本、加拿大、巴拿马、美国、乌拉圭；欧洲。
刘宗麟 1982；Li Y & Li HZ 1989；Tolgor et al. 2003a；Härkönen et al. 2004b；杨乐等 2004b；陈萍等 2005；李玉 2007a。

柄罐无丝菌
Licea operculata (Wingate) G.W. Martin, Mycologia 34 (6): 702. 1942.
吉林（JL）、江苏（JS）、湖南（HN）、湖北（HB）、贵州

（GZ）、福建（FJ）、台湾（TW）、广西（GX）、香港（HK）；印度、日本、美国、乌拉圭；欧洲。
Ing 1987；Li Y & Li HZ 1989；Chiang & Liu 1991；Chen 1999；陈双林 2002；Tolgor et al. 2003a；Härkönen et al. 2004a，2004b；徐美琴等 2006；李玉 2007a；潘景芝等 2009；戴群等 2010；闫淑珍等 2012。

寄生无丝菌
Licea parasitica (Zukal) G.W. Martin, Mycologia 34 (6): 702. 1942.
湖南（HN）、台湾（TW）。
Tolgor et al. 2003a；Härkönen et al. 2004a，2004b。

粗柄无丝菌
Licea pedicellata (H.C. Gilbert) H.C. Gilbert, in Martin, Mycologia 34 (6): 702. 1942.
吉林（JL）、江苏（JS）、湖南（HN）、福建（FJ）、台湾（TW）、广东（GD）、广西（GX）、海南（HI）、香港（HK）；奥地利、希腊、英国（苏格兰）、墨西哥、美国。
Li Y & Li HZ 1989；袁海滨和陈双林 1996；Tolgor et al. 2003a，2003b；Härkönen et al. 2004b；徐美琴等 2006；李玉 2007a；闫淑珍等 2012。

澎湖无丝菌
Licea pescadorensis Chao H. Chung & C.H. Liu, Taiwania 41 (4): 259. 1996. **Type:** China (Taiwan).
台湾（TW）。
Chung & Liu 1996a；Tolgor et al. 2003a。

点状无丝菌
Licea punctiformis G.W. Martin, in Martin & Alexopoulos, The Myxomycetes (New York) p 49. 1969. **Type:** United States (Iowa).
湖北（HB）、台湾（TW）；美国。
Tolgor et al. 2003a；李玉 2007a。

小无丝菌
Licea pusilla Schrad., Nov. Gen. Pl. (Lipsiae) p 19. 1797. **Type:** Germany.
黑龙江（HL）、湖南（HN）；德国、波兰、瑞典、瑞士、英国、美国。
Härkönen et al. 2004a；Li et al. 2004；李玉 2007a。

矮小无丝菌［新拟］
Licea pygmaea (Meyl.) Ing, Trans. Br. Mycol. Soc. 78 (3): 443. 1982.
湖南（HN）。
Härkönen et al. 2004b。

网孢无丝菌
Licea reticulospora H.Z. Li & Y. Li, in Li & Li, Mycosystema 7: 133. 1995 [1994]. **Type:** China (Nei Mongol).

黑龙江（HL）、吉林（JL）、辽宁（LN）、内蒙古（NM）。

Li Y & Li HZ 1994; Tolgor et al. 2003a, 2003b; 李玉 2007a。

网状无丝菌

Licea retiformis Nawawi, Trans. Br. Mycol. Soc. 60 (1): 153. 1973. **Type:** Peninsular Malaysia.

福建（FJ）、台湾（TW）；日本、马来西亚。

Liu et al. 2002b; Zhang & Li 2012a。

皱无丝菌［新拟］

Licea rugosa Nann.-Bremek. & Y. Yamam., Proc. K. Ned. Akad. Wet., Ser. C, Biol. Med. Sci. 90 (3): 326. 1987. **Type:** Japan (Honshu).

湖南（HN）；日本。

Härkönen et al. 2004b。

杯状无丝菌

Licea scyphoides T.E. Brooks & H.W. Keller, in Keller & Brooks, Mycologia 69 (4): 679. 1977. **Type:** United States (Ohio).

台湾（TW）、香港（HK）、澳门（MC）；法国、瑞士、英国、美国。

Ing 1987; Li Y & Li HZ 1989; Chung et al. 1997; Tolgor et al. 2003a; 李玉 2007a; 闫淑珍等 2012。

热带无丝菌

Licea tropica Chao H. Chung & C.H. Liu, Bul. Fac. Agron., Bucuresti 20 (4): 140. 1996.

台湾（TW）。

Tolgor et al. 2003a。

多变无丝菌

Licea variabilis Schrad., Nov. Gen. Pl. (Lipsiae) p 18. 1797.

黑龙江（HL）、内蒙古（NM）、江苏（JS）、云南（YN）；德国、美国。

Li et al. 2004; 陈萍等 2005; 徐美琴等 2006; 李玉 2007a。

筒菌科 **Tubiferaceae** T. Macbr.

粉瘤菌属

Lycogala Adans., Fam. Pl. 2: 7. 1763.

混乱粉瘤菌

Lycogala confusum Nann.-Bremek. ex Ing, in Ing, The Myxomycetes of Britain and Ireland, An Identification Handbook (Slough) p 93. 1999. **Type:** Great Britain.

海南（HI）；英国。

闫淑珍等 2012。

圆锥粉瘤菌

Lycogala conicum Pers., Syn. Meth. Fung. (Göttingen) 1: 159. 1801.

吉林（JL）、云南（YN）、西藏（XZ）、福建（FJ）、台湾（TW）；

印度、日本、巴基斯坦、德国、美国；欧洲、北美洲。

刘宗麟 1982; Li Y & Li HZ 1989; Tolgor et al. 2003a; 杨乐等 2004b; Liu et al. 2006b; 李玉 2007a; 陈双林等 2010。

粉瘤菌

Lycogala epidendrum (J.C. Buxb. ex L.) Fr., Syst. Mycol. (Lundae) 3 (1): 80. 1829.

黑龙江（HL）、吉林（JL）、辽宁（LN）、内蒙古（NM）、河北（HEB）、山西（SX）、山东（SD）、河南（HEN）、陕西（SN）、宁夏（NX）、甘肃（GS）、青海（QH）、新疆（XJ）、安徽（AH）、江苏（JS）、浙江（ZJ）、江西（JX）、湖南（HN）、湖北（HB）、四川（SC）、贵州（GZ）、云南（YN）、西藏（XZ）、福建（FJ）、台湾（TW）、广西（GX）、海南（HI）、香港（HK）；世界广布。

Liu 1980; 臧穆 1980; 黄年来等 1981; 刘宗麟 1982; 中科院登山科考队 1985; 马志英 1986; 应建浙等 1987; Li Y & Li HZ 1989; 蒋长坪等 1993; 陈双林等 1994, 2009, 2010; 王琦等 1994; 李惠中 1995; Chen 1999; Chen et al. 1999; 李玉等 2001; 陈双林 2002; 莫延德和张继清 2002; Tolgor et al. 2003a; Härkönen et al. 2004b; 王琦和李玉 2004; 杨乐等 2004b; 陈萍等 2005; Zhuang 2005; Liu et al. 2006b; 罗国涛等 2006, 2008; 李玉 2007a; 王云等 2007; 戴群等 2010; 闫淑珍等 2010, 2012; 李明和李玉 2011; 席亚丽等 2011; 朱鹤等 2013; 马飞等 2014。

小粉瘤菌

Lycogala exiguum Morgan, J. Cincinnati Soc. Nat. Hist. 15: 134. 1893.

黑龙江（HL）、吉林（JL）、辽宁（LN）、内蒙古（NM）、河北（HEB）、河南（HEN）、陕西（SN）、甘肃（GS）、青海（QH）、湖北（HB）、云南（YN）、西藏（XZ）、福建（FJ）、台湾（TW）；世界广布。

刘宗麟 1982; Li Y & Li HZ 1989; 陈双林等 1994, 2010; 王琦等 1994; Chen et al. 1999; Tolgor et al. 2003a; 杨乐等 2004b; 陈萍等 2005; Zhuang 2005; Liu et al. 2006b; 李玉 2007a; 刘福杰等 2010; 闫淑珍等 2010, 2012; 陈小姝等 2011; 李明和李玉 2011。

黄褐粉瘤菌

Lycogala flavofuscum (Ehrenb.) Rostaf., in Fuckel, Jb. Nassau. Ver. Naturk. 27-28: 68. 1874 [1873-1874].

吉林（JL）、辽宁（LN）、河北（HEB）、北京（BJ）、山西（SX）、陕西（SN）、宁夏（NX）、青海（QH）、新疆（XJ）、江苏（JS）、湖南（HN）、西藏（XZ）、台湾（TW）；南非、加拿大、美国、新西兰；亚洲（南部）、欧洲、北美洲、南美洲。

臧穆 1980; 中科院登山科考队 1985; 李宗英和刘德容 1988; Li Y & Li HZ 1989; Tolgor et al. 2003a; 杨乐等 2004b; Zhuang 2005; Liu et al. 2006b; 李玉 2007a; 陈双

林等 2010；李明和李玉 2011。

土生粉瘤菌 [新拟]

Lycogala terrestre Fr., in Fries & Nordholm, Symb. Gasteromyc. (Lund) 1: 10. 1817.

Lycogala epidendrum var. *terrestre* (Fr.) Y. Yamam., The Myxomycete Biota of Japan (Tokyo) p 118. 1998.

云南（YN）。

陈萍等 2005。

假丝菌属

Reticularia Baumg., Fl. Lips. p 569. 1790.

假丝菌

Reticularia lycoperdon Bull., Hist. Champ. Fr. (Paris) 1: 95. 1791. **Type:** France.

Enteridium lycoperdon (Bull.) M.L. Farr, Taxon 25: 514. 1976.

黑龙江（HL）、吉林（JL）、内蒙古（NM）、河北（HEB）、山西（SX）、山东（SD）、甘肃（GS）、青海（QH）、新疆（XJ）、湖北（HB）、四川（SC）、云南（YN）、西藏（XZ）、福建（FJ）、台湾（TW）、广西（GX）；法国。

Liu 1981，1983；刘宗麟 1982；Li Y & Li HZ 1989；陈双林 2002；Tolgor et al. 2003a；杨乐等 2004b；陈萍等 2005；Zhuang 2005；Liu et al. 2006b；徐凌川等 2006；李玉 2007a；陈双林等 2010；闫淑珍等 2010，2012；朱鹤等 2013。

橄榄膜假丝菌

Reticularia olivacea (Ehrenb.) Fr., Syst. Mycol. (Lundae) 3 (1): 89. 1829.

Enteridium olivaceum Ehrenb., in Sprengel, Schrader & Link, Fung. Sel. Exs. 1 (2): 55. 1818.

内蒙古（NM）。

朱鹤等 2012。

美假丝菌网线变种 [新拟]

Reticularia splendens var. **jurana** (Meyl.) Kowalski, Mycologia 67 (3): 452. 1975.

Reticularia jurana Meyl., Bull. Soc. Vaud. Sci. Nat. 44: 297. 1908.

Enteridium splendens var. *juranum* (Meyl.) Härk., Karstenia 19: 5. 1979.

Enteridium juranum (Meyl.) Mornand, Bull. Trimest. Soc. Mycol. Fr. 109 (2): 65. 1993.

甘肃（GS）、湖南（HN）、西藏（XZ）、福建（FJ）、台湾（TW）、广东（GD）、广西（GX）、海南（HI）。

陈双林 2002；Tolgor et al. 2003b；Härkönen et al. 2004b；Zhuang 2005；陈双林等 2010；闫淑珍等 2012。

美假丝菌原变种 [新拟]

Reticularia splendens var. **splendens** Morgan, J. Cincinnati Soc. Nat. Hist. 15: 137. 1893.

Reticularia splendens Morgan, J. Cincinnati Soc. Nat. Hist. 15: 137. 1893.

Enteridium splendens (Morgan) T. Macbr., N. Amer. Slime-

Moulds (New York) p 151. 1899.

黑龙江（HL）、吉林（JL）、内蒙古（NM）、河北（HEB）、山西（SX）、河南（HEN）、陕西（SN）、甘肃（GS）、四川（SC）、贵州（GZ）、云南（YN）、西藏（XZ）、广西（GX）；日本、巴基斯坦、利比里亚、美国；欧洲。

刘宗麟 1982；Li Y & Li HZ 1989；Chen 1999；Chen et al. 1999；图力古尔和李玉 2001a；Tolgor et al. 2003a；杨乐等 2004b；陈萍等 2005；Zhuang 2005；李玉 2007a；陈双林等 2009；戴群等 2010。

筒菌属

Tubifera J.F. Gmel., Syst. Nat., Edn 13 2 (2): 207. 1792.

假轴筒菌

Tubifera casparyi (Rostaf.) T. Macbr., N. Amer. Slime-Moulds (New York) p 157. 1899.

吉林（JL）、台湾（TW）；日本；欧洲、北美洲。

刘宗麟 1982；Li Y & Li HZ 1989；Tolgor et al. 2003a；杨乐等 2004b；Liu et al. 2006b；李玉 2007a。

网被筒菌

Tubifera dictyoderma Nann.-Bremek. & Loer., in Nannenga-Bremekamp, Proc. K. Ned. Akad. Wet., Ser. C, Biol. Med. Sci. 88 (1): 121. 1985. **Type:** Netherlands.

吉林（JL）；荷兰。

Li et al. 2004；李玉 2007a。

菊筒菌

Tubifera dimorphotheca Nann.-Bremek. & Loer., Proc. K. Ned. Akad. Wet., Ser. C, Biol. Med. Sci. 84 (2): 237. 1981. **Type:** Netherlands.

台湾（TW）；印度、日本、荷兰。

Liu et al. 2006b；朱鹤和王琦 2009。

筒菌

Tubifera ferruginosa (Batsch) J.F. Gmel., in Linnaeus, K. Svenska Vetensk-Akad. Handl., ser. 2 2 (2): 1472. 1791 [1792].

黑龙江（HL）、吉林（JL）、辽宁（LN）、内蒙古（NM）、山西（SX）、河南（HEN）、陕西（SN）、甘肃（GS）、青海（QH）、新疆（XJ）、安徽（AH）、江苏（JS）、浙江（ZJ）、湖北（HB）、四川（SC）、云南（YN）、西藏（XZ）、福建（FJ）、台湾（TW）、海南（HI）。

黄年来等 1981；刘宗麟 1982；中科院登山科考队 1985；Li Y & Li HZ 1989；陈双林等 1994，2009，2010；王琦等 1994；Chen et al. 1999；Tolgor et al. 2003a；杨乐等 2004b；陈萍等 2005；Zhuang 2005；Liu et al. 2006b；徐美琴等 2006；李玉 2007a；闫淑珍等 2010，2012；李明和李玉 2011；朱鹤等 2013。

小孢筒菌

Tubifera microsperma (Berk. & M.A. Curtis) G.W. Martin,

Mycologia 39 (4): 461. 1947.

吉林（JL）、福建（FJ）、台湾（TW）；日本、美国；北美洲、南美洲。

Liu 1981；黄年来等 1981；刘宗麟 1982；Li Y & Li HZ 1989；李惠中 1995；Tolgor et al. 2003a；杨乐等 2004b；Liu et al. 2006b；李玉 2007a。

绒泡菌目 Physarida anon.

钙皮菌科 Didymiaceae Rostaf. ex Cooke

双皮菌属

Diderma Pers., Neues Mag. Bot. 1: 89. 1794.

高山双皮菌

Diderma alpinum (Meyl.) Meyl., Bull. Soc. Vaud. Sci. Nat. 51: 261. 1917.

黑龙江（HL）、吉林（JL）、辽宁（LN）、内蒙古（NM）；印度、瑞士。

Tolgor et al. 2003b；杨乐等 2004b；李玉 2007b。

星状双皮菌

Diderma asteroides (Lister & G. Lister) G. Lister, Monogr. Mycetozoa, Edn 2 (London) p 113. 1911.

黑龙江（HL）、吉林（JL）、内蒙古（NM）、河北（HEB）、河南（HEN）、陕西（SN）、甘肃（GS）；印度、德国、意大利、葡萄牙、罗马尼亚、瑞士、英国、加拿大、美国。

刘宗麟 1982；Li Y & Li HZ 1989；Chen et al. 1999；高文臣等 2000；Tolgor et al. 2003a；杨乐等 2004b；Zhuang 2005；李玉 2007b。

苔生双皮菌

Diderma chondrioderma (de Bary & Rostaf.) G. Lister, Monogr. Mycetozoa, 3rd Ed (London) p 258. 1925.

天津（TJ）、湖南（HN）、福建（FJ）、台湾（TW）、香港（HK）、澳门（MC）；日本、马来西亚、斯里兰卡、波兰、罗马尼亚、英国、美国。

Ing 1987；Li Y & Li HZ 1989；Chung & Liu 1998；Tolgor et al. 2003a；Härkönen et al. 2004a，2004b；李玉 2007b；Liu & Chang 2011a；闫淑珍等 2012。

灰色双皮菌

Diderma cinereum Morgan, J. Cincinnati Soc. Nat. Hist. 16: 154. 1894.

黑龙江（HL）、吉林（JL）、辽宁（LN）、内蒙古（NM）、甘肃（GS）、贵州（GZ）、台湾（TW）；美国。

Tolgor et al. 2003a，2003b；杨乐等 2004b；李玉 2007；陈双林等 2009；戴群等 2010；Liu & Chang 2011a。

紫轴双皮菌

Diderma cor-rubrum T. Macbr., N. Amer. Slime-Moulds (New York) p 140. 1922. **Type:** United States (Iowa).

吉林（JL）、河北（HEB）、云南（YN）；美国；非洲（西部）。

刘宗麟 1982；Li Y & Li HZ 1989；Tolgor et al. 2003a；杨乐等 2004b；李玉 2007b；闫淑珍等 2012。

光壳双皮菌

Diderma crustaceum Peck, Ann. Rep. N.Y. St. Mus. Nat. Hist. 26: 74. 1874 [1873].

黑龙江（HL）、吉林（JL）、内蒙古（NM）、河北（HEB）、北京（BJ）；印度、日本、荷兰、美国。

Tolgor et al. 2003a；杨乐等 2004b；李玉 2007b；陈小姝等 2011。

扁垫双皮菌

Diderma deplanatum Fr., Syst. Mycol. (Lundae) 3 (1): 101. 1829.

黑龙江（HL）、吉林（JL）、辽宁（LN）、内蒙古（NM）、湖南（HN）、台湾（TW）；印度、美国；欧洲（西部）。

Tolgor et al. 2003a，2003b；Härkönen et al. 2004a，2004b；杨乐等 2004b；李玉 2007b；Liu & Chang 2011a；李明和李玉 2011；闫淑珍等 2012。

垫形双皮菌

Diderma effusum (Schwein.) Morgan, J. Cincinnati Soc. Nat. Hist. 16: 155. 1894.

Diderma effusum var. *effusum* (Schwein.) Morgan, J. Cincinnati Soc. Nat. Hist. 16: 155. 1894.

黑龙江（HL）、吉林（JL）、辽宁（LN）、河北（HEB）、北京（BJ）、山东（SD）、浙江（ZJ）、湖南（HN）、云南（YN）、福建（FJ）、台湾（TW）、广西（GX）、香港（HK）、澳门（MC）。

刘宗麟 1982；Liu 1983；Ing 1987；Li Y & Li HZ 1989；Chiang & Liu 1991；陈双林和李玉 1995；Chung & Liu 1998；Chen 1999；高文臣等 2000；陈双林 2002；Tolgor et al. 2003a；Härkönen et al. 2004b；杨乐等 2004b；李玉 2007b；潘景芝等 2009；Liu & Chang 2011a；陈小姝等 2011；李明和李玉 2011；闫淑珍等 2012。

垫形双皮菌暗丝变种

Diderma effusum var. **pachytrichon** Nann.-Bremek., Proc. K. Ned. Akad. Wet., Ser. C, Biol. Med. Sci. 76 (5): 485. 1973. **Type:** Netherlands.

台湾（TW）；荷兰。

Chung & Liu 1998；Tolgor et al. 2003a；Liu & Chang 2011a。

花状双皮菌

Diderma floriforme (Bull.) Pers., Neues Mag. Bot. 1: 89. 1794.

吉林（JL）、河南（HEN）、陕西（SN）、甘肃（GS）、云南（YN）、台湾（TW）、广西（GX）。

Li Y & Li HZ 1989；Chung & Liu 1998；Chen 1999；Chen et

al. 1999；Liu & Chen 1999；陈双林 2002；Tolgor et al. 2003a；杨乐等 2004b；Zhuang 2005；李玉 2007b；Liu & Chang 2011a；闫淑珍等 2012。

球形双皮菌

Diderma globosum Pers., Neues Mag. Bot. 1: 89. 1794.

黑龙江（HL）、吉林（JL）、河北（HEB）、北京（BJ）；日本、加拿大、美国；欧洲。

刘宗麟 1982；Li Y & Li HZ 1989；Tolgor et al. 2003a；杨乐等 2004b；李玉 2007b；潘景芝等 2009。

半圆双皮菌

Diderma hemisphaericum (Bull.) Hornem., Fl. Danic. (33): 13. 1829.

吉林（JL）、河北（HEB）、北京（BJ）、山东（SD）、江苏（JS）、湖南（HN）、云南（YN）、西藏（XZ）、福建（FJ）、台湾（TW）、广东（GD）、广西（GX）、香港（HK）。

刘宗麟 1982；Li Y & Li HZ 1989；李润霞等 1994；李惠中 1995；Chung & Liu 1998；陈双林 2002；Tolgor et al. 2003a；Härkönen et al. 2004b；杨乐等 2004b；李玉 2007b；潘景芝等 2009；陈双林等 2010；Liu & Chang 2011a；闫淑珍等 2012。

大刺孢双皮菌

Diderma lyallii (Massee) T. Macbr., N. Amer. Slime-Moulds (New York) p 99. 1899.

黑龙江（HL）、吉林（JL）、辽宁（LN）、内蒙古（NM）；日本、瑞典、美国、智利、阿尔卑斯山脉（中欧段）。

刘宗麟 1982；Li Y & Li HZ 1989；Tolgor et al. 2003a，2003b；杨乐等 2004b；李玉 2007b。

山地双皮菌原变种［新拟］

Diderma montanum var. **montanum** (Meyl.) Meyl., Diagn. Mycoth. Univ. Cent. 53: 454. 1921.

Diderma montanum (Meyl.) Meyl., Diagn. Mycoth. Univ. Cent. 53: 454. 1921.

内蒙古（NM）、河北（HEB）、山西（SX）、山东（SD）、河南（HEN）、陕西（SN）、甘肃（GS）。

Chen et al. 1999；Tolgor et al. 2003b；Zhuang 2005；陈双林等 2009。

雪白双皮菌

Diderma niveum (Rostaf.) T. Macbr., N. Amer. Slime-Moulds (New York) p 100. 1899.

吉林（JL）、河北（HEB）、甘肃（GS）、湖北（HB）；日本、法国、德国、荷兰、挪威、瑞典、瑞士、英国、美国。

Tolgor et al. 2003a；Zhuang 2005；李玉 2007b；陈双林等 2009。

薄双皮菌

Diderma platycarpum Nann.-Bremek., Proc. K. Ned. Akad.

Wet., Ser. C, Biol. Med. Sci. 69: 359. 1966. **Type:** Netherlands.

内蒙古（NM）、台湾（TW）；荷兰。

Liu 1983；Li Y & Li HZ 1989；Chiang & Liu 1991；李玉 2007b；朱鹤等 2013。

薄双皮菌伯克利变种

Diderma platycarpum var. **berkeleyanum** Nann.-Bremek., Proc. K. Ned. Akad. Wet., Ser. C, Biol. Med. Sci. 69: 360. 1966. **Type:** Indonesia (Jawa).

湖南（HN）、台湾（TW）；印度尼西亚（爪哇岛）。

Tolgor et al. 2003a。

扁果双皮菌原变种［新拟］

Diderma platycarpum var. **platycarpum** Nann.-Bremek., Proc. K. Ned. Akad. Wet., Ser. C, Biol. Med. Sci. 69: 359. 1966.

台湾（TW）。

Chung & Liu 1998；Tolgor et al. 2003a。

辐射双皮菌

Diderma radiatum (Rostaf.) Morgan, J. Cincinnati Soc. Nat. Hist. 16: 151. 1894.

黑龙江（HL）、吉林（JL）、内蒙古（NM）、河北（HEB）、河南（HEN）、陕西（SN）、甘肃（GS）、青海（QH）、新疆（XJ）。

中科院登山科考队 1985；Li Y & Li HZ 1989；陈双林等 1994；Chen et al. 1999；Tolgor et al. 2003a；杨乐等 2004b；Zhuang 2005；李玉 2007b；闫淑珍等 2010。

龟裂双皮菌

Diderma rimosum Eliasson & Nann.-Bremek., Proc. K. Ned. Akad. Wet., Ser. C, Biol. Med. Sci. 86 (2): 148. 1983. **Type:** Ecuador (Galápagos).

Diderma cingulatum var. *rimosum* (Eliasson & Nann.-Bremek.) Nann.-Bremek., in Yamamoto & Nannenga-Bremekamp, Proc. K. Ned. Akad. Wet. 98 (3): 321. 1995.

台湾（TW）；厄瓜多尔。

Liu & Chen 1999；Liu & Chang 2011a；闫淑珍等 2012。

格斑双皮菌

Diderma roanense (Rex) T. Macbr., N. Amer. Slime-Moulds (New York) p 104. 1899.

青海（QH）。

闫淑珍等 2010。

粗糙双皮菌

Diderma rugosum (Rex) T. Macbr., N. Amer. Slime-Moulds, Edn 1 (New York) p 105. 1899.

台湾（TW）、香港（HK）。

Chung & Liu 1998；Tolgor et al. 2003a；Liu & Chang 2011a；闫淑珍等 2012。

桑氏双皮菌

Diderma saundersii (Berk. & Broome ex Massee) Lado, Cuadernos de Trabajo de Flora Micológica Ibérica (Madrid) 16: 35. 2001.

湖南（HN）、台湾（TW）。

Härkönen et al. 2004b；Liu & Chang 2011a；闫淑珍等 2012。

单纯双皮菌［新拟］

Diderma simplex (J. Schröt.) G. Lister, Monogr. Mycetozoa, Edn 2 (London) p 107. 1911.

湖南（HN）。

Härkönen et al. 2004a，2004b。

联壁双皮菌

Diderma spumarioides (Fr.) Fr., Syst. Mycol. (Lundae) 3 (1): 104. 1829.

黑龙江（HL）、吉林（JL）、辽宁（LN）、内蒙古（NM）、河北（HEB）、北京（BJ）、甘肃（GS）、青海（QH）、江苏（JS）、湖南（HN）、台湾（TW）。

Li Y & Li HZ 1989；Chung & Liu 1998；高文臣等 2000；Tolgor et al. 2003a；Härkönen et al. 2004b；杨乐等 2004b；Zhuang 2005；李玉 2007b；闫淑珍等 2010；Liu & Chang 2011a。

网孢双皮菌

Diderma subdictyospermum (Rostaf.) G. Lister, Monogr. Mycetozoa, Edn 2 (London) p 101. 1911.

台湾（TW）。

Liu & Chen 1999；Liu & Chang 2011a；闫淑珍等 2012。

粉红双皮菌

Diderma testaceum (Schrad.) Pers., Syn. Meth. Fung. (Göttingen) 1: 167. 1801.

吉林（JL）、辽宁（LN）、山西（SX）、甘肃（GS）、台湾（TW）、香港（HK）；日本；亚洲（南部）、欧洲、北美洲。

Li Y & Li HZ 1989；Chung & Liu 1998；Tolgor et al. 2003a；杨乐等 2004b；Zhuang 2005；李玉 2007b；陈双林等 2009；潘景芝等 2009；闫淑珍等 2012。

脐双皮菌原变种［新拟］

Diderma umbilicatum var. **umbilicatum** Pers., Syn. Meth. Fung. (Göttingen) 1: 165. 1801.

Diderma umbilicatum Pers., Syn. Meth. Fung. (Göttingen) 1: 165. 1801.

湖南（HN）。

Härkönen et al. 2004b。

钙皮菌属

Didymium Schrad., Nov. Gen. Pl. (Lipsiae) p 20. 1797.

白环钙皮菌

Didymium anellus Morgan, J. Cincinnati Soc. Nat. Hist. 16: 148. 1894.

吉林（JL）、河北（HEB）、台湾（TW）；印度、日本、菲律宾、斯里兰卡、英国、美国。

刘宗麟 1982；Li Y & Li HZ 1989；Tolgor et al. 2003a；杨乐等 2004b；李玉 2007b；Liu & Chang 2011b。

扁凹钙皮菌［新拟］

Didymium bahiense Gottsb., Nova Hedwigia 15: 365. 1968. **Type:** Brazil.

湖南（HN）、台湾（TW）；巴西。

Tolgor et al. 2003a；Härkönen et al. 2004a，2004b；Liu & Chang 2011b。

钉形钙皮菌

Didymium clavus (Alb. & Schwein.) Rabenh., Deutschl. Krypt.-Fl. (Leipzig) 1: 280. 1844.

黑龙江（HL）、吉林（JL）、内蒙古（NM）、江苏（JS）、湖南（HN）、福建（FJ）、台湾（TW）、香港（HK）；印度、日本、斯里兰卡、哥斯达黎加；欧洲。

Liu 1983；Li Y & Li HZ 1989；陈双林等 1994；高文臣等 2000；Tolgor et al. 2003a；Härkönen et al. 2004a，2004b；李玉 2007b；潘景芝等 2009；Liu & Chang 2011b；闫淑珍等 2012。

粗毛钙皮菌［新拟］

Didymium comatum (Lister) Nann.-Bremek., Proc. K. Ned. Akad. Wet., Ser. C, Biol. Med. Sci. 69: 361. 1966.

湖南（HN）。

Härkönen et al. 2004b。

白壳钙皮菌

Didymium crustaceum Fr., Syst. Mycol. (Lundae) 3 (1): 124. 1829.

黑龙江（HL）、吉林（JL）、河北（HEB）、北京（BJ）、贵州（GZ）；印度、日本、英国；北美洲、南美洲。

刘宗麟 1982；Li Y & Li HZ 1989；Tolgor et al. 2003a；杨乐等 2004b；李玉 2007b；戴群等 2010。

畸形钙皮菌

Didymium difforme (Pers.) Gray, Nat. Arr. Brit. Pl. (London) 1: 571. 1821.

黑龙江（HL）、吉林（JL）、江苏（JS）、云南（YN）、台湾（TW）、香港（HK）、澳门（MC）；世界广布。

Liu 1982；刘宗麟 1982；Ing 1987；Li Y & Li HZ 1989；陈双林和李玉 1995；Liu & Chen 1998a；高文臣等 2000；Tolgor et al. 2003a；杨乐等 2004b；徐美琴等 2006；李玉 2007b；Liu & Chang 2011b；闫淑珍等 2012。

多变钙皮菌

Didymium dubium Rostaf., Śluzowce Monogr. (Paryz) p 152. 1875 [1874]. **Type:** Germany.

黑龙江（HL）、吉林（JL）、辽宁（LN）、内蒙古（NM）；

印度、德国、英国、美国。

高文臣等 2000；Tolgor et al. 2003a，2003b；杨乐等 2004b；李玉 2007b；李明和李玉 2011。

小晶钙皮菌

Didymium eximium Peck, Ann. Rep. N.Y. St. Mus. Nat. Hist. 31: 41. 1878.

Didymium nigripes var. *eximium* (Peck) Lister, Monogr. Mycetozoa (London) p 98. 1894.

湖南（HN）、台湾（TW）、广东（GD）、海南（HI）、香港（HK）；印度、美国；欧洲。

Ing 1987；Li Y & Li HZ 1989；Tolgor et al. 2003a；Härkönen et al. 2004b；李玉 2007b；闫淑珍等 2012。

弯曲钙皮菌

Didymium flexuosum Yamash., J. Sci. Hiroshima Univ. 3: 31. 1936.

北京（BJ）、台湾（TW）、香港（HK）；日本、奥地利、美国。

Liu 1982；Liu & Chen 1998a；Tolgor et al. 2003a；李玉 2007b；Liu & Chang 2011b；闫淑珍等 2012。

柔毛钙皮菌

Didymium floccoides Nann.-Bremek. & Y. Yamam., Proc. K. Ned. Akad. Wet., Ser. C, Biol. Med. Sci. 90 (3): 323. 1987. **Type:** Japan (Honshu).

台湾（TW）；日本。

Liu & Chang 2011b。

碎钙皮菌

Didymium floccosum G.W. Martin, K.S. Thind & Rehill, Mycologia 51 (2): 160. 1959. **Type:** India.

甘肃（GS）、台湾（TW）、香港（HK）；印度。

Chung & Liu 1996b；Tolgor et al. 2003a；Zhuang 2005；陈双林等 2009；Liu & Chang 2011b；闫淑珍等 2012。

富克钙皮菌［新拟］

Didymium fuckelianum Rostaf., in Fuckel, Jb. Nassau. Ver. Naturk. 27-28: 78. 1874 [1873-74].

Didymium squamulosum (Alb. & Schwein.) Fr., in Fries & Nordholm, Symb. Gasteromyc. (Lund) 3: 19. 1818 [1817].

黑龙江（HL）、吉林（JL）、辽宁（LN）、内蒙古（NM）、河北（HEB）、北京（BJ）、山东（SD）、河南（HEN）、陕西（SN）、甘肃（GS）、青海（QH）、新疆（XJ）、安徽（AH）、江苏（JS）、湖南（HN）、湖北（HB）、四川（SC）、贵州（GZ）、云南（YN）、福建（FJ）、台湾（TW）、广西（GX）、海南（HI）、香港（HK）。

刘宗麟 1982；Li Y & Li HZ 1989；Chen 1999；Chen et al. 1999；陈双林 2002；Tolgor et al. 2003a；Härkönen et al. 2004a，2004b；王琦和李玉 2004；杨乐等 2004b；Zhuang 2005；徐美琴等 2006；李玉 2007b；陈双林等 2009；潘景芝等 2009；戴群等 2010；闫淑珍等 2010，2012；Liu &

Chang 2011b；陈小姝等 2011；朱鹤等 2013。

间型钙皮菌

Didymium intermedium J. Schröt., Hedwigia 35 (4): 209. 1896.

黑龙江（HL）、安徽（AH）、广西（GX）；日本、牙买加、尼加拉瓜、巴拿马、美国、巴西。

Li Y & Li HZ 1989；高文臣等 2000；陈双林 2002；Tolgor et al. 2003a；李玉 2007b；闫淑珍等 2012。

黄柄钙皮菌

Didymium iridis (Ditmar) Fr., Syst. Mycol. (Lundae) 3 (1): 120. 1829.

Didymium nigripes var. *xanthopus* (Ditmar) Lister, Monogr. Mycetozoa (London) p 98. 1894.

黑龙江（HL）、吉林（JL）、内蒙古（NM）、河北（HEB）、北京（BJ）、山东（SD）、河南（HEN）、陕西（SN）、甘肃（GS）、安徽（AH）、江苏（JS）、湖南（HN）、湖北（HB）、云南（YN）、福建（FJ）、台湾（TW）、广西（GX）、海南（HI）。

刘宗麟 1982；Liu 1983；Li Y & Li HZ 1989；陈双林等 1994，2009；Chen et al. 1999；陈双林 2002；Tolgor et al. 2003a；Härkönen et al. 2004a，2004b；王琦和李玉 2004；杨乐等 2004b；Zhuang 2005；徐美琴等 2006；李玉 2007b；潘景芝等 2009；刘福杰等 2010；Liu & Chang 2011b；闫淑珍等 2012。

豆状钙皮菌

Didymium lenticulare K.S. Thind & T.N. Lakh., Mycologia 60 (5): 1083. 1969 [1968]. **Type:** India (Himachal Pradesh).

台湾（TW）；印度。

Chung & Liu 1995；Tolgor et al. 2003a；Liu & Chang 2011b。

黄钙皮菌

Didymium leoninum Berk. & Broome, J. Linn. Soc., Bot. 14 (no. 74): 83. 1873 [1875]. **Type:** Sri Lanka.

黑龙江（HL）、四川（SC）、台湾（TW）；印度、印度尼西亚、日本、菲律宾、新加坡、斯里兰卡、安哥拉、墨西哥、厄瓜多尔、澳大利亚、马来半岛。

Li Y & Li HZ 1989；Liu 1989；Tolgor et al. 2003a；李玉 2007b；Liu & Chang 2011b；闫淑珍等 2012。

微毛钙皮菌［新拟］

Didymium leptotrichum (Racib.) Massee, Monogr. Myxogastr. (London) p 243. 1892.

台湾（TW）。

Liu & Chang 2011b。

李斯特钙皮菌

Didymium listeri Massee, Monogr. Myxogastr. (London) p 244. 1892.

台湾（TW）；印度、巴基斯坦（东部）、百慕大群岛（英）；欧洲、北美洲。

Liu 1982；Liu & Chen 1998a；Tolgor et al. 2003a；Liu & Chang 2011b。

大孢钙皮菌

Didymium megalosporum Berk. & M.A. Curtis, Grevillea 2 (no. 16): 53. 1873.

内蒙古（NM）、甘肃（GS）、湖南（HN）、台湾（TW）。

Tolgor et al. 2003a；Härkönen et al. 2004a, 2004b；Zhuang 2005；陈双林等 2009；Liu & Chang 2011b；朱鹤等 2013。

暗孢钙皮菌

Didymium melanospermum (Pers.) T. Macbr., N. Amer. Slime-Moulds (New York) p 88. 1899.

Didymium melanospermum var. *melanospermum* (Pers.) T. Macbr., N. Amer. Slime-Moulds (New York) p 88. 1899.

黑龙江（HL）、吉林（JL）、内蒙古（NM）、河北（HEB）、河南（HEN）、陕西（SN）、甘肃（GS）、云南（YN）、台湾（TW）、香港（HK）。

刘宗麟 1982；Li Y & Li HZ 1989；陈双林等 1994，2009；王琦等 1994；Chen et al. 1999；Tolgor et al. 2003a；王琦和李玉 2004；杨乐等 2004b；Zhuang 2005；李玉 2007b；Liu & Chang 2011b；闫淑珍等 2012。

暗孢钙皮菌双色变种

Didymium melanospermum var. **bicolor** G. Lister, Monogr. Mycetozoa, 3rd Ed (London) p 115. 1925.

台湾（TW）。

Tolgor et al. 2003a。

小钙皮菌

Didymium minus (Lister) Morgan, J. Cincinnati Soc. Nat. Hist. 16: 145. 1894.

黑龙江（HL）、吉林（JL）、内蒙古（NM）、河北（HEB）、河南（HEN）、陕西（SN）、宁夏（NX）、甘肃（GS）、青海（QH）、安徽（AH）、江苏（JS）、浙江（ZJ）、湖南（HN）、西藏（XZ）、福建（FJ）、台湾（TW）、广西（GX）。

刘宗麟 1982；Li Y & Li HZ 1989；Chen 1999；Chen et al. 1999；高文臣等 2000；陈双林 2002；Tolgor et al. 2003a；Härkönen et al. 2004b；杨乐等 2004b；Zhuang 2005；李玉 2007b；陈双林等 2009，2010；潘景芝等 2009；闫淑珍等 2010，2012；Liu & Chang 2011b；朱鹤等 2013。

黑柄钙皮菌

Didymium nigripes (Link) Fr., Syst. Mycol. (Lundae) 3 (1): 119. 1829.

Didymium nigripes var. *nigripes* (Link) Fr., Syst. Mycol. (Lundae) 3 (1): 119. 1829.

黑龙江（HL）、吉林（JL）、辽宁（LN）、内蒙古（NM）、河北（HEB）、北京（BJ）、河南（HEN）、陕西（SN）、甘肃（GS）、安徽（AH）、江苏（JS）、浙江（ZJ）、湖南（HN）、湖北（HB）、云南（YN）、西藏（XZ）、福建（FJ）、

台湾（TW）、广西（GX）、海南（HI）、香港（HK）、澳门（MC）。

刘宗麟 1982；Li Y & Li HZ 1989；陈双林等 1994，2009，2010；陈双林和李玉 1995；李惠中 1995；袁海滨和陈双林 1996；Chung et al. 1997；Chen 1999；Chen et al. 1999；陈双林 2002；Tolgor et al. 2003a；Härkönen et al. 2004b；王琦和李玉 2004；杨乐等 2004b；Zhuang 2005；李玉 2007b；Liu & Chang 2011b；陈小姝等 2011；李明和李玉 2011；闫淑珍等 2012；李晨等 2013。

卵形钙皮菌

Didymium ovoideum Nann.-Bremek., Acta Bot. Neerl. 7: 780. 1958. **Type:** Netherlands.

黑龙江（HL）、吉林（JL）、河北（HEB）、江苏（JS）、湖北（HB）、云南（YN）、台湾（TW）、广西（GX）、香港（HK）；荷兰、美国。

Li Y & Li HZ 1989；Chen 1999；高文臣等 2000；陈双林 2002；Tolgor et al. 2003a；杨乐等 2004b；徐美琴等 2006；李玉 2007b；Liu & Chang 2011b；闫淑珍等 2012。

毡毛钙皮菌

Didymium panniforme J. Matsumoto, Hikobia 13 (1): 61. 1999.

香港（HK）。

闫淑珍等 2012。

穿孔钙皮菌

Didymium perforatum Yamash., Journal of Science of the Hiroshima University, B 2 3: 33. 1936.

湖北（HB）、台湾（TW）；日本、巴基斯坦、美国。

Chung & Liu 1997a；Tolgor et al. 2003a；李玉 2007b；Liu & Chang 2011b。

裂孔钙皮菌

Didymium pertusum Berk., in Smith, Engl. Fl., Fungi (Edn 2) (London) 5 (2): 313. 1836.

福建（FJ）、台湾（TW）、广东（GD）、广西（GX）、海南（HI）。

Chen 1999；Tolgor et al. 2003a, 2003b；闫淑珍等 2012。

近侧钙皮菌

Didymium proximum Berk. & M.A. Curtis, Grevillea 2 (no. 16): 52. 1873.

广东（GD）、海南（HI）。

Ing 1987；Li Y & Li HZ 1989；Tolgor et al. 2003a。

假轴钙皮菌

Didymium pseudocolumellum H.Z. Li, Y. Li & Q. Wang, Mycosystema 8-9: 173. 1996 [1995-1996]. **Type:** China (Hebei).

内蒙古（NM）、河北（HEB）、山西（SX）、山东（SD）、

河南（HEN）、陕西（SN）。

Li Y & Li HZ 1995a；Tolgor et al. 2003a，2003b；李玉 2007b。

疣网钙皮菌

Didymium quitense (Pat.) Torrend, Brotéria, sér. bot. 7: 90. 1908.

黑龙江（HL）、吉林（JL）、辽宁（LN）、内蒙古（NM）；西班牙、加拿大、美国、厄瓜多尔。

刘宗麟 1982；Tolgor et al. 2003a，2003b；杨乐等 2004b；李玉 2007b。

扁联钙皮菌

Didymium serpula Fr., Syst. Mycol. (Lundae) 3 (1): 126. 1829.

台湾（TW）。

Li Y & Li HZ 1989；Tolgor et al. 2003a；李玉 2007b；Liu & Chang 2011b；闫淑珍等 2012。

大轴钙皮菌

Didymium vaccinum (Durieu & Mont.) Buchet, Bull. Soc. Mycol. Fr. 36: 110. 1920.

黑龙江（HL）、吉林（JL）、辽宁（LN）、内蒙古（NM）、西藏（XZ）；日本、德国、葡萄牙、英国、阿尔及利亚、美国、乌拉圭。

刘宗麟 1982；Li Y & Li HZ 1989；Tolgor et al. 2003a，2003b；杨乐等 2004b；李玉 2007b；陈双林等 2010。

鳞皮菌属

Lepidoderma de Bary, Vers. Syst. Mycetozoen (Strassburg) p 7. 1873.

刺孢鳞皮菌

Lepidoderma chailletii Rostaf., Śluzowce Monogr. (Paryz) p 189. 1875 [1874].

黑龙江（HL）、吉林（JL）、辽宁（LN）、内蒙古（NM）、湖北（HB）；英国、美国；欧洲（中部）。

Tolgor et al. 2003a，2003b；李玉 2007b。

鳞皮菌

Lepidoderma tigrinum (Schrad.) Rostaf., Vers. Syst. Mycetozoen (Strassburg) p 13. 1873.

陕西（SN）、江苏（JS）、云南（YN）、福建（FJ）；印度、日本、斯里兰卡；欧洲、美洲。

徐美琴等 2006；李玉 2007b；刘福杰等 2010。

地星鳞皮菌［新拟］

Lepidoderma trevelyanii (Grev.) Poulain & Mar. Mey., in Poulain, Meyer & Bozonnet, Bull. Mycol. Bot. Dauphiné-Savoie 42 (no. 165): 10. 2002.

Diderma trevelyanii (Grev.) Fr., Syst. Mycol. (Lundae) 3 (1): 105. 1829.

河北（HEB）、陕西（SN）；美国；欧洲（中部和西部）。

Zhuang 2005；李玉 2007b。

复囊钙皮菌属

Mucilago Battarra, Fung. Arim. Hist. (Faventiae) p 76. 1755.

复囊钙皮菌

Mucilago crustacea P. Micheli ex F.H. Wigg., Prim. Fl. Holsat. (Kiliae) p 112. 1780.

吉林（JL）、辽宁（LN）、内蒙古（NM）、河北（HEB）、北京（BJ）、山西（SX）、甘肃（GS）。

刘宗麟 1982；Li Y & Li HZ 1989；陈双林等 1994；高文臣等 2000；Tolgor et al. 2003a；杨乐等 2004b；Zhuang 2005；李明和李玉 2011。

扁囊菌属

Trabrooksia H.W. Keller, Mycologia 72 (2): 205. 1980.

扁囊菌

Trabrooksia applanata H.W. Keller, Mycologia 72 (2): 396. 1980. **Type:** United States (Kentucky).

台湾（TW）；美国。

Liu et al. 2011；闫淑珍等 2012。

绒泡菌科 Physaraceae Chevall.

钙丝菌属

Badhamia Berk., Trans. Linn. Soc. London 21 (2): 153. 1853 [1852].

黑柄钙丝菌

Badhamia affinis Rostaf., Śluzowce Monogr. (Paryz) p 143. 1875 [1874].

吉林（JL）、辽宁（LN）、内蒙古（NM）、河北（HEB）、北京（BJ）、山西（SX）、江苏（JS）、湖南（HN）、湖北（HB）、贵州（GZ）、福建（FJ）、台湾（TW）、广西（GX）；印度、日本、希腊、罗马尼亚、英国、加拿大、美国、巴西、智利。

刘宗麟 1982；Li Y & Li HZ 1989；陈双林等 1994；陈双林和李玉 1995；Chen 1999；陈双林 2002；Härkönen et al. 2004b；杨乐等 2004b；李玉 2007b；戴群等 2010；李明和李玉 2011；Liu & Chang 2012；闫淑珍等 2012；朱鹤等 2013。

黑柄钙丝菌原变种

Badhamia affinis var. **affinis** Rostaf., Śluzowce Monogr. (Paryz) p 143. 1875 [1874].

吉林（JL）、辽宁（LN）、内蒙古（NM）、河北（HEB）、北京（BJ）、山西（SX）、福建（FJ）、台湾（TW）、广西（GX）。

Tolgor et al. 2003a。

钙丝菌

Badhamia capsulifera (Bull.) Berk., Trans. Linn. Soc. London 21 (2): 153. 1853 [1852].

吉林（JL）、湖北（HB）；印度、日本、英国、美国、澳大利亚、新西兰。

Li Y & Li HZ 1989；Tolgor et al. 2003a；杨乐等 2004b；李玉 2007b。

灰堆钙丝菌

Badhamia cinerascens G.W. Martin, J. Wash. Acad. Sci. 22 (4): 88. 1932.

吉林（JL）、湖北（HB）、台湾（TW）；哥伦比亚。

Tolgor et al. 2003a；李玉 2007b；陈小妹等 2011。

叶生钙丝菌

Badhamia foliicola Lister, J. Bot., Lond. 35: 209. 1897.

内蒙古（NM）、青海（QH）、西藏（XZ）。

陈双林等 2010；闫淑珍等 2010；朱鹤等 2013。

台湾钙丝菌

Badhamia formosana C.H. Liu & Y.F. Chen, in Liu, Chen, Chang & Yang, Taiwania 47 (4): 291. 2002. **Type:** China (Taiwan).

台湾（TW）。

Liu et al. 2002a；Liu & Chang 2012。

细钙丝菌

Badhamia gracilis (T. Macbr.) T. Macbr., in Macbride & Martin, The Myxomycetes (New York) p 35. 1934.

湖南（HN）、湖北（HB）、台湾（TW）、广西（GX）；印度、伊拉克、日本、英国、巴拿马、美国（波多黎各）、西印度群岛、加拉帕戈斯群岛；北美洲。

Liu 1990；Chen 1999；陈双林 2002；Tolgor et al. 2003a；李玉 2007b；Liu & Chang 2012。

白鳞钙丝菌

Badhamia iowensis T. Macbr., N. Amer. Slime-Moulds (New York) p 36. 1922. **Type:** United States (Iowa).

贵州（GZ）；美国。

戴群等 2010。

大孢钙丝菌

Badhamia macrocarpa (Ces.) Rostaf., Śluzowce Monogr. (Paryz) p 143. 1875 [1874].

黑龙江（HL）、吉林（JL）、辽宁（LN）、内蒙古（NM）、山西（SX）、甘肃（GS）、湖南（HN）、湖北（HB）、福建（FJ）、台湾（TW）、香港（HK）；澳大利亚；欧洲、北美洲、南美洲。

刘宗麟 1982；Li Y & Li HZ 1989；Tolgor et al. 2003a；Härkönen et al. 2004b；杨乐等 2004b；Zhuang 2005；李玉 2007b；李明和李玉 2011；Liu & Chang 2012；闫淑珍等 2012；朱鹤等 2013。

巨孢钙丝菌

Badhamia macrospora H.Z. Li, Fungi and Lichens of Shennongjia. Mycological and Lichenological Expedition to Shennongjia (Beijing) p 25. 1989. **Type:** China (Hubei).

湖北（HB）。

李玉 2007b。

暗孢钙丝菌

Badhamia melanospora Speg., Anal. Soc. Cient. Argent. 10 (5-6): 150. 1880.

湖南（HN）、广西（GX）。

Härkönen et al. 2004b；闫淑珍等 2012。

黄钙丝菌

Badhamia nitens Berk. & Broome, Trans. Linn. Soc. London 21 (2): 153. 1853 [1852].

Badhamia nitens var. *reticulata* (Berk. & Broome ex Massee) G. Lister, Trans. Br. Mycol. Soc. 5 (1): 71. 1915 [1914].

台湾（TW）；印度、日本、英国、加那利群岛、南非、美国、新西兰。

Li Y & Li HZ 1989；Tolgor et al. 2003a；李玉 2007b；Liu & Chang 2012。

黄钙丝菌原变种

Badhamia nitens var. **nitens** Berk. & Broome, Trans. Linn. Soc. London 21 (2): 153. 1853 [1852].

台湾（TW）。

Tolgor et al. 2003a。

白面钙丝菌

Badhamia panicea (Fr.) Rostaf., in Fuckel, Symb. Mycol. Nachtrag 2: 71. 1873.

内蒙古（NM）、台湾（TW）。

Tolgor et al. 2003a；Liu & Chang 2012；朱鹤等 2013。

钙柱菌属

Badhamiopsis T.E. Brooks & H.W. Keller, Mycologia 68 (4): 835. 1976.

钙柱菌

Badhamiopsis ainoae (Yamash.) T.E. Brooks & H.W. Keller, Mycologia 68 (4): 836. 1976.

Badhamia ainoae Yamash., Journal of Science of the Hiroshima University, B 2 3: 28. 1936. **Type:** Japan.

黑龙江（HL）、吉林（JL）、辽宁（LN）、内蒙古（NM）；日本、土耳其、法国、西班牙、瑞士、英国、美国。

刘宗麟 1982；Li Y & Li HZ 1989；Tolgor et al. 2003a, 2003b；杨乐等 2004b；李玉 2007b；陈小妹等 2011。

钙核钙柱菌

Badhamiopsis nucleata H.Z. Li, Fungi and Lichens of Shennongjia. Mycological and Lichenological Expedition to Shennongjia (Beijing) p 26. 1989. **Type:** China (Hubei).

湖北（HB）。

李玉 2007b。

高杯菌属

Craterium Trentep., Catal. Bot. 1: 224. 1797.

黄高杯菌

Craterium aureum (Fr.) Sacc., Syll. Fung. (Abellini) 8: 356. 1889.

吉林（JL）、河北（HEB）、台湾（TW）。

刘宗麟 1982；Tolgor et al. 2003a；杨乐等 2004b；李玉 2007b；Liu & Chang 2012。

暗高杯菌

Craterium concinnum Rex, Proc. Acad. Nat. Sci. Philad. 45 (3): 370. 1893.

吉林（JL）、辽宁（LN）、安徽（AH）、台湾（TW）；印度、日本、荷兰、波兰、牙买加、美国、哥伦比亚。

刘宗麟 1982；Tolgor et al. 2003a；杨乐等 2004b；李玉 2007b；李明和李玉 2011；Liu & Chang 2012。

鹿角高杯菌

Craterium corniculatum B. Zhang & Y. Li, Mycotaxon 126: 72. 2014 [2013]. **Type:** China (Gansu).

甘肃（GS）。

Zhang & Li 2013a。

白头高杯菌

Craterium leucocephalum Grev., Scott. Crypt. Fl. (Edinburgh) pl. 65. 1824.

黑龙江（HL）、吉林（JL）、辽宁（LN）、内蒙古（NM）、河北（HEB）、北京（BJ）、山东（SD）、河南（HEN）、陕西（SN）、甘肃（GS）、青海（QH）、江苏（JS）、湖北（HB）、贵州（GZ）、西藏（XZ）、福建（FJ）、台湾（TW）、广西（GX）、香港（HK）。

刘宗麟 1982；陈双林等 1994，2009，2010；Chung & Liu 1997a；Chen 1999；Chen et al. 1999；Liu et al. 2001；图力古尔和李玉 2001a；陈双林 2002；Tolgor et al. 2003a；杨乐等 2004b；Zhuang 2005；李玉 2007b；戴群等 2010；闫淑珍等 2010，2012；陈小姝等 2011；李明和李玉 2011；Liu & Chang 2012；朱鹤等 2013。

白头高杯菌原变种

Craterium leucocephalum var. **leucocephalum** (Pers.) Ditmar, in Sturm, Deutschl. Fl., 3 Abt. (Pilze Deutschl.) 1 (1): 21. 1813.

吉林（JL）、辽宁（LN）、内蒙古（NM）、河北（HEB）、北京（BJ）、陕西（SN）、甘肃（GS）、安徽（AH）、江苏（JS）、贵州（GZ）、福建（FJ）、台湾（TW）、广西（GX）、海南（HI）。

Tolgor et al. 2003a。

白头高杯菌杯状变种

Craterium leucocephalum var. **scyphoides** (Cooke & Balf. f.) G. Lister, Monogr. Mycetozoa, Edn 2 (London) p 97. 1911.

台湾（TW）；日本、荷兰、不列颠群岛。

Chung & Liu 1997b；Tolgor et al. 2003a。

白头高杯菌无柄变种

Craterium leucocephalum var. **sessile** C.H. Liu, I.G. Huang & J.H. Chang, Taiwania 46 (4): 326. 2001. **Type:** China (Taiwan).

台湾（TW）。

Liu & Chang 2012。

小囊高杯菌

Craterium microcarpum H.Z. Li, Y. Li & Shuang L. Chen, Mycosystema 6: 113. 1993. **Type:** China (Jilin).

黑龙江（HL）、吉林（JL）、辽宁（LN）、内蒙古（NM）。

Li et al. 1993；Tolgor et al. 2003a，2003b；杨乐等 2004a，2004b；李玉 2007b。

小高杯菌

Craterium minutum (Leers) Fr., Syst. Mycol. (Lundae) 3 (1): 151. 1829.

黑龙江（HL）、吉林（JL）、辽宁（LN）、内蒙古（NM）、河北（HEB）、北京（BJ）、山西（SX）、河南（HEN）、陕西（SN）、甘肃（GS）、青海（QH）、江苏（JS）、湖南（HN）、湖北（HB）、云南（YN）、台湾（TW）；印度、日本、菲律宾、利比里亚、新西兰；欧洲、北美洲。

刘宗麟 1982；陈双林等 1994，2009；Chung & Liu 1997a；Chen et al. 1999；Tolgor et al. 2003a；Härkönen et al. 2004b；杨乐等 2004b；Zhuang 2005；李玉 2007b；潘景芝等 2009；闫淑珍等 2010，2012；李明和李玉 2011；Liu & Chang 2012。

倒卵高杯菌 [新拟]

Craterium obovatum Peck, Bull. Buffalo Soc. Nat. Sci. 1 (2): 64. 1873 [1873-1874].

Badhamia obovata (Peck) S.J. Sm., in Martin, Brittonia 13: 112. 1961.

黑龙江（HL）、吉林（JL）、辽宁（LN）、内蒙古（NM）；日本、乌拉圭；欧洲、北美洲。

Li Y & Li HZ 1989；Tolgor et al. 2003a，2003b；李玉 2007b。

紫高杯菌

Craterium paraguayense (Speg.) G. Lister, Monogr. Mycetozoa, Edn 2 (London) p 95. 1911.

甘肃（GS）；巴西、厄瓜多尔、巴拉圭、委内瑞拉。

陈双林等 2009。

网状高杯菌 [新拟]

Craterium reticulatum Nann.-Bremek. & Y. Yamam., Proc. K. Ned. Akad. Wet., Ser. C, Biol. Med. Sci. 90 (3): 314. 1987. **Type:** Japan (Honshu).

台湾（TW）；日本。

Liu & Chang 2012。

红结高杯菌

Craterium rubronodum Lister, Trans. Br. Mycol. Soc. 5 (1): 74. 1915 [1914].

黑龙江（HL）、吉林（JL）、辽宁（LN）、内蒙古（NM）；印度、日本。

刘宗麟 1982；Tolgor et al. 2003a，2003b；杨乐等 2004b；李玉 2007b。

煤绒菌属

Fuligo Haller, Hist. Stirp. Helv. 3: 110. 1768.

金黄煤绒菌［新拟］

Fuligo aurea (Penz.) Y. Yamam., The Myxomycete Biota of Japan (Tokyo) p 390. 1998.

Erionema aureum Penz., Myxomyc. Fl. Buitenzorg p 37. 1898.

吉林（JL）、安徽（AH）、福建（FJ）、台湾（TW）、广东（GD）；印度尼西亚、日本、马来西亚、菲律宾、斯里兰卡。

Li Y & Li HZ 1989；Chung & Liu 1997a；Tolgor et al. 2003a；李玉 2007b；Liu & Chang 2012；闫淑珍等 2012。

念珠状煤绒菌［新拟］

Fuligo candida Pers., Observ. Mycol. (Lipsiae) 1: 92. 1796.

Fuligo septica var. *candida* (Pers.) R.E. Fr., Svensk Bot. Tidskr. 6: 744. 1912.

黑龙江（HL）。

李玉 2007b。

白煤绒菌

Fuligo cinerea (Schwein.) Morgan, J. Cincinnati Soc. Nat. Hist. 19: 33. 1896.

Fuligo cinerea var. *cinerea* (Schwein.) Morgan, J. Cincinnati Soc. Nat. Hist. 19: 33. 1896.

吉林（JL）、辽宁（LN）、内蒙古（NM）、福建（FJ）、台湾（TW）、海南（HI）、香港（HK）；印度、日本、斯里兰卡、荷兰、古巴、牙买加、墨西哥、西印度群岛；非洲、北美洲。

Li Y & Li HZ 1989；Chung & Liu 1997b；李玉等 2001；Tolgor et al. 2003a；杨乐等 2004b；李玉 2007b；李明和李玉 2011；Liu & Chang 2012；闫淑珍等 2012；朱鹤等 2013。

圈煤绒菌［新拟］

Fuligo gyrosa (Rostaf.) E. Jahn, Ber. Dt. Bot. Ges. 20: 272. 1902.

Physarum gyrosum Rostaf., Śluzowce Monogr. (Paryz) p 111. 1875 [1874].

黑龙江（HL）、吉林（JL）、辽宁（LN）、河北（HEB）、北京（BJ）、山西（SX）、宁夏（NX）、新疆（XJ）、安徽（AH）、江苏（JS）、浙江（ZJ）、江西（JX）、湖北（HB）、云南（YN）、台湾（TW）；日本、菲律宾、斯里兰卡、尼日利亚、马达

加斯加、美国、巴西、澳大利亚；欧洲（西部）。

刘宗麟 1982；苏军民 1987；Li Y & Li HZ 1989；李惠中 1995；袁海滨和陈双林 1996；Tolgor et al. 2003a；杨乐等 2004b；李玉 2007b；陈双林和李玉 2009；李明和李玉 2011；闫淑珍等 2012；Liu et al. 2013。

薄皮煤绒菌

Fuligo intermedia T. Macbr., N. Amer. Slime-Moulds, Edn 2 (New York) p 30. 1922. **Type:** United States (Colorado & Iowa).

Fuligo cinerea var. *ecorticata* G. Lister, Monogr. Mycetozoa, Edn 2 (London) p 88. 1911.

台湾（TW）；巴基斯坦、法国、德国、意大利、荷兰、美国；非洲。

Li Y & Li HZ 1989；Tolgor et al. 2003a；李玉 2007b；Liu & Chang 2012。

棘孢煤绒菌

Fuligo licentii Buchet, Bull. Trimest. Soc. Mycol. Fr. 55: 222. 1939.

内蒙古（NM）、河北（HEB）、山西（SX）、山东（SD）、河南（HEN）、陕西（SN）。

Li Y & Li HZ 1989；Tolgor et al. 2003a，2003b；李玉 2007b。

苔生煤绒菌

Fuligo muscorum Alb. & Schwein., Consp. Fung. (Leipzig) p 86. 1805.

黑龙江（HL）；日本、英国、美国。

Li Y & Li HZ 1989；Tolgor et al. 2003a；李玉 2007b。

暗红煤绒菌

Fuligo rufa Pers., Neues Mag. Bot. 1: 88. 1794.

黑龙江（HL）、吉林（JL）、辽宁（LN）、内蒙古（NM）。

Li Y & Li HZ 1989；Tolgor et al. 2003a，2003b；李玉 2007b。

煤绒菌黄色变种

Fuligo septica var. **flava** (Pers.) Morgan, J. Cincinnati Soc. Nat. Hist. 19: 32. 1895.

吉林（JL）、甘肃（GS）。

Zhuang 2005；李玉 2007b。

煤绒菌平滑变种［新拟］

Fuligo septica var. **laevis** (Pers.) R.E. Fr., Svensk Bot. Tidskr. 6: 744. 1912.

河北（HEB）、北京（BJ）。

李玉 2007b。

煤绒菌原变种［新拟］

Fuligo septica var. **septica** (L.) F.H. Wigg., Prim. Fl. Holsat. (Kiliae) p 112. 1780.

Fuligo septica (L.) F.H. Wigg., Prim. Fl. Holsat. (Kiliae) p 112. 1780.

黑龙江（HL）、吉林（JL）、辽宁（LN）、内蒙古（NM）、

河北（HEB）、北京（BJ）、山西（SX）、山东（SD）、河南（HEN）、陕西（SN）、甘肃（GS）、青海（QH）、新疆（XJ）、安徽（AH）、江苏（JS）、湖北（HB）、贵州（GZ）、云南（YN）、西藏（XZ）、福建（FJ）、台湾（TW）、广东（GD）、海南（HI）、香港（HK）。

Liu 1980；臧穆 1980；黄年来等 1981；刘宗麟 1982；中科院登山科考队 1985；Li Y & Li HZ 1989；王琦等 1994；李惠中 1995；Chen et al. 1999；李玉等 2001；Tolgor et al. 2003a；王琦和李玉 2004；杨乐等 2004b；Zhuang 2005；徐美琴等 2006；李玉 2007b；陈双林等 2010；戴群等 2010；闫淑珍等 2010，2012；陈小姝等 2011；李明和李玉 2011；Liu & Chang 2012；朱鹤等 2013；蔡若鹏等 2014；姜宁等 2014。

煤绒菌紫色变种［新拟］

Fuligo septica var. **violacea** (Pers.) Lázaro Ibiza, Comp. Fl. Españ., ed. 1 p 381. 1896.

吉林（JL）。

李玉 2007b。

光果菌属

Leocarpus Link, Mag. Gesell. Naturf. Freunde, Berlin 3 (1-2): 25. 1809.

脆光果菌

Leocarpus fragilis (Dicks.) Rostaf., Śluzowce Monogr. (Paryz) p 132. 1875 [1874].

黑龙江（HL）、吉林（JL）、辽宁（LN）、内蒙古（NM）、河北（HEB）、河南（HEN）、陕西（SN）、甘肃（GS）、青海（QH）、新疆（XJ）、四川（SC）、云南（YN）、西藏（XZ）、台湾（TW）。

刘宗麟 1982；陈双林等 1994，2009，2010；Chen et al. 1999；Tolgor et al. 2003a；杨乐等 2004b；Zhuang 2005；李玉 2007b；朱鹤和王琦 2009；闫淑珍等 2010；李明和李玉 2011；Liu & Chang 2012；朱鹤等 2013。

小绒泡菌属

Physarella Peck, Bull. Torrey Bot. Club 9 (5): 61. 1882.

小绒泡菌

Physarella oblonga (Berk. & M.A. Curtis) Morgan, J. Cincinnati Soc. Nat. Hist. 19: 7. 1896.

吉林（JL）、北京（BJ）、湖南（HN）、湖北（HB）、云南（YN）、福建（FJ）、台湾（TW）、广东（GD）、香港（HK）；欧洲、北美洲。

Liu 1980；刘宗麟 1982；李惠中 1995；Tolgor et al. 2003a；Härkönen et al. 2004b；杨乐等 2004b；李玉 2007b；陈小姝等 2011；Liu & Chang 2012；闫淑珍等 2012。

绒泡菌属

Physarum Pers., Neues Mag. Bot. 1: 88. 1794.

亮褐绒泡菌

Physarum aeneum (Lister) R.E. Fr., Ark. Bot. 1: 62. 1903.

台湾（TW）；印度、日本、英国、多米尼加、美国、美属维尔京群岛、玻利维亚、巴西、西印度群岛、安提瓜岛；南美洲。

Liu & Chung 1993；Tolgor et al. 2003a；李玉 2007b；陈双林和李玉 2009；Liu et al. 2013。

俯垂绒泡菌

Physarum affine Rostaf., Śluzowce Monogr. (Paryz) p 94. 1874.

吉林（JL）。

杨乐等 2004b。

黄白绒泡菌

Physarum albescens T. Macbr., N. Amer. Slime-Moulds, Edn 2 (New York) p 86. 1922. **Type:** United States.

辽宁（LN）、内蒙古（NM）、甘肃（GS）、青海（QH）、新疆（XJ）、贵州（GZ）；法国、意大利、瑞士、英国、加拿大、墨西哥、美国。

陈双林等 1999b；Tolgor et al. 2003a，2003b；Zhuang 2005；李玉 2007b；陈双林和李玉 2009；戴群等 2010；李明和李玉 2011。

白绒泡菌［新拟］

Physarum album Fuckel, Fungi Rhenani Exsic. p no. 1469. 1865.

湖南（HN）、台湾（TW）。

Härkönen et al. 2004b；Liu et al. 2013。

高山绒泡菌

Physarum alpinum (Lister & G. Lister) G. Lister, J. Bot., Lond. 48: 73. 1910.

黑龙江（HL）、吉林（JL）、辽宁（LN）、内蒙古（NM）、湖北（HB）；瑞典、瑞士、美国。

刘宗麟 1982；Li Y & Li HZ 1989；Tolgor et al. 2003a，2003b；杨乐等 2004b；李玉 2007b；陈双林和李玉 2009。

射丝绒泡菌

Physarum alvoradianum Gottsb., Nova Hedwigia 15: 363. 1968. **Type:** Brazil.

台湾（TW）；巴西。

Tolgor et al. 2003a。

环柄绒泡菌

Physarum annulipes Shuang L. Chen & Y. Li, Mycosystema 17 (4): 289. 1998. **Type:** China (Jilin).

黑龙江（HL）、吉林（JL）、辽宁（LN）、内蒙古（NM）。

陈双林和李玉 1998，2009；Tolgor et al. 2003a，2003b；杨乐等 2004a，2004b；李玉 2007b。

橙红绒泡菌

Physarum aurantiacum Shuang L. Chen, Y. Li & H.Z. Li,

Mycosystema 18 (4): 343. 1999. **Type:** China (Xinjiang).
内蒙古（NM）、甘肃（GS）、青海（QH）、新疆（XJ）。
陈双林等 1999b；Tolgor et al. 2003a，2003b；Zhuang 2005；
李玉 2007b；陈双林和李玉 2009。

金色绒泡菌
Physarum auripigmentum G.W. Martin, J. Wash. Acad. Sci.
38: 239. 1948. **Type:** United States (California).
四川（SC）；美国。
陈双林和李玉 2000，2009；Tolgor et al. 2003a；李玉 2007b。

橙绿绒泡菌
Physarum auriscalpium Cooke, Ann. Lyceum Nat. Hist. N.Y.
11: 384. 1877 [1876].
黑龙江（HL）、吉林（JL）、辽宁（LN）、内蒙古（NM）、
湖南（HN）、台湾（TW）；希腊、葡萄牙、英国、巴拿马、
美国。
Chiang & Liu 1991；陈双林和李玉 1995，2009；袁海滨和
陈双林 1996；Tolgor et al. 2003a，2003b；Härkönen et al.
2004b；杨乐等 2004b；李玉 2007b；Liu et al. 2013。

膜壁绒泡菌
Physarum badhamioides Shuang L. Chen & Y. Li,
Mycosy-stema 19 (3): 328. 2000. **Type:** China (Shaanxi).
陕西（SN）。
陈双林和李玉 2000，2009；Tolgor et al. 2003a；Zhuang
2005；李玉 2007b。

蓝虹绒泡菌
Physarum bethelii T. Macbr. ex G. Lister, Monogr.
Mycetozoa, Edn 2 (London) p 57. 1911.
内蒙古（NM）、湖南（HN）、广东（GD）、海南（HI）；日
本、荷兰、罗马尼亚、美国、智利。
Ing 1987；Li Y & Li HZ 1989；陈双林等 1994；李玉等
2001；Tolgor et al. 2003a；Härkönen et al. 2004b；李玉
2007b；陈双林和李玉 2009；闫淑珍等 2012。

双被绒泡菌
Physarum bitectum G. Lister, Monogr. Mycetozoa, Edn 2
(London) p 78. 1911.
内蒙古（NM）、河北（HEB）、山西（SX）、山东（SD）、
河南（HEN）、陕西（SN）、甘肃（GS）。
Chen et al. 1999；Tolgor et al. 2003a，2003b；Zhuang 2005；
陈双林等 2009；陈双林和李玉 2009。

两瓣绒泡菌
Physarum bivalve Pers., Ann. Bot. (Usteri) 15: 5. 1795.
黑龙江（HL）、吉林（JL）、辽宁（LN）、内蒙古（NM）、
河北（HEB）、北京（BJ）、山西（SX）、河南（HEN）、陕
西（SN）、甘肃（GS）、安徽（AH）、江苏（JS）、浙江（ZJ）、
湖北（HB）、四川（SC）、云南（YN）、福建（FJ）、台湾
（TW）、广东（GD）；印度、印度尼西亚、日本、巴基斯

坦、菲律宾、斯里兰卡、南非、哥斯达黎加、智利；欧洲、
北美洲。
刘宗麟 1982；Li Y & Li HZ 1989；陈双林等 1994，2009；
Chen et al. 1999；Tolgor et al. 2003a；杨乐等 2004b；Zhuang
2005；李玉 2007b；陈双林和李玉 2009；陈小姝等 2011；
李明和李玉 2011；Liu et al. 2013。

茂物绒泡菌
Physarum bogoriense Racib., Hedwigia 37: 52. 1898.
吉林（JL）、辽宁（LN）、内蒙古（NM）、河北（HEB）、
河南（HEN）、陕西（SN）、甘肃（GS）、青海（QH）、福
建（FJ）、台湾（TW）、香港（HK）；捷克、葡萄牙、罗马
尼亚、斯洛伐克、南非、美国、澳大利亚；亚洲、中美洲、
南美洲。
刘宗麟 1982；Li Y & Li HZ 1989；Liu & Chung 1993；Chung
& Liu 1997a；Chen et al. 1999；Tolgor et al. 2003a；杨乐等
2004b；Zhuang 2005；李玉 2007b；陈双林和李玉 2009；
闫淑珍等 2010，2012；李明和李玉 2011；Liu et al. 2013。

红褐绒泡菌
Physarum braunianum de Bary, Śluzowce Monogr. (Paryz)
p 105. 1874.
黑龙江（HL）、吉林（JL）、辽宁（LN）、内蒙古（NM）、
台湾（TW）；日本；欧洲、大洋洲。
Liu et al. 2002a，2013；Tolgor et al. 2003b；陈双林和李玉
2009。

黄褐绒泡菌
Physarum brunneolum (W. Phillips) Massee, Monogr.
Myxogastr. (London) p 280. 1892.
黑龙江（HL）、吉林（JL）、辽宁（LN）、内蒙古（NM）；
美国、智利、澳大利亚；欧洲。
刘宗麟 1982；Li Y & Li HZ 1989；Tolgor et al. 2003a，
2003b；杨乐等 2004b；李玉 2007b；陈双林和李玉 2009。

灰蓝绒泡菌［新拟］
Physarum caesiellum Chao H. Chung & S.S. Tzean,
Mycotaxon 74 (2): 483. 2000.
中国（具体地点不详）。
Chung & Tzean 2000。

青灰绒泡菌
Physarum caesium (Schumach.) Fr., Syst. Mycol. (Lundae) 3
(1): 147. 1829.
黑龙江（HL）、吉林（JL）、辽宁（LN）、内蒙古（NM）。
陈双林和李玉 1998，2009；Tolgor et al. 2003a，2003b；杨
乐等 2004a，2004b；李玉 2007b。

灰绒泡菌
Physarum cinereum (Batsch) Pers., Neues Mag. Bot. 1: 89.
1794.
黑龙江（HL）、吉林（JL）、辽宁（LN）、内蒙古（NM）、

河北（HEB）、北京（BJ）、河南（HEN）、陕西（SN）、甘肃（GS）、江苏（JS）、湖南（HN）、云南（YN）、西藏（XZ）、福建（FJ）、台湾（TW）、广东（GD）、广西（GX）、香港（HK）、澳门（MC）。

刘宗麟 1982；Li Y & Li HZ 1989；Chiang & Liu 1991；陈双林等 1994，2010；袁海滨和陈双林 1996；Chung et al. 1997；Chen et al. 1999；陈双林 2002；Tolgor et al. 2003a；Härkönen et al. 2004b；王琦和李玉 2004；杨乐等 2004b；Zhuang 2005；李玉 2007b；陈双林和李玉 2009；陈小姝等 2011；李明和李玉 2011；闫淑珍等 2012；Liu et al. 2013。

橘黄绒泡菌

Physarum citrinum Schumach., Enum. Pl. (Kjbenhavn) 2: 201. 1803.

吉林（JL）、辽宁（LN）、甘肃（GS）、新疆（XJ）、西藏（XZ）、福建（FJ）、台湾（TW）、广东（GD）、广西（GX）、海南（HI）；北美洲。

Li Y & Li HZ 1989；Tolgor et al. 2003a，2003b；杨乐等 2004b；Zhuang 2005；李玉 2007b；陈双林等 2009，2010；陈双林和李玉 2009；李明和李玉 2011。

具轴绒泡菌

Physarum columellatum Nann.-Bremek. & Y. Yamam., Proc. K. Ned. Akad. Wet., Ser. C, Biol. Med. Sci. 90 (3): 327. 1987. **Type:** Japan (Honshu).

福建（FJ）、台湾（TW）、广东（GD）、广西（GX）、海南（HI）；日本。

李玉等 2001；Tolgor et al. 2003a，2003b；闫淑珍等 2012。

扁绒泡菌

Physarum compressum Skvortsov, Philipp. J. Sci. 46 (1): 86. 1931.

黑龙江（HL）、吉林（JL）、辽宁（LN）、内蒙古（NM）、河北（HEB）、北京（BJ）、山西（SX）、河南（HEN）、江苏（JS）、湖南（HN）、西藏（XZ）、福建（FJ）、台湾（TW）、海南（HI）。

刘宗麟 1982；Li Y & Li HZ 1989；陈双林和李玉 1995，2009；李惠中 1995；Chung & Liu 1996a；Chung et al. 1997；李玉等 2001；Tolgor et al. 2003a；Härkönen et al. 2004a，2004b；杨乐等 2004b；李玉 2007b；陈双林等 2010；陈小姝等 2011；李明和李玉 2011；Liu et al. 2013；李晨等 2013；朱鹤等 2013。

密集绒泡菌

Physarum confertum T. Macbr., N. Amer. Slime-Moulds, Edn 2 (New York) p 64. 1922. **Type:** United States.

黑龙江（HL）、吉林（JL）、辽宁（LN）、内蒙古（NM）；日本、芬兰、德国、罗马尼亚、加拿大、美国。

陈双林等 1994；Tolgor et al. 2003a，2003b；李玉 2007b；陈双林和李玉 2009。

混乱绒泡菌

Physarum confusum Shuang L. Chen & Y. Li, Mycosystema 19 (3): 330. 2000.

河南（HEN）。

李玉 2007b。

团聚绒泡菌

Physarum conglomeratum (Fr.) Rostaf., Śluzowce Monogr. (Paryz) p 108. 1875 [1874].

内蒙古（NM）、甘肃（GS）、青海（QH）、新疆（XJ）；印度、日本、芬兰、德国、罗马尼亚、英国、美国；欧洲、北美洲。

陈双林等 1999b；Tolgor et al. 2003a，2003b；Zhuang 2005；李玉 2007b；陈双林和李玉 2009。

银白绒泡菌［新拟］

Physarum connatum Ditmar, in Sturm, Deutschl. Fl., 3 Abt. (Pilze Deutschl.) 1 (3): 83. 1816.

吉林（JL）。

Tolgor et al. 2003a。

联合绒泡菌

Physarum contextum (Pers.) Pers., Syn. Meth. Fung. (Göttingen) 1: 168. 1801.

黑龙江（HL）、吉林（JL）；印度、日本、巴基斯坦；欧洲、北美洲。

刘宗麟 1982；Li Y & Li HZ 1989；Tolgor et al. 2003a；杨乐等 2004b；李玉 2007b；陈双林和李玉 2009。

锥管状绒泡菌［新拟］

Physarum crateriachea Lister, Guide Brit. Mycetozoa (London) p 20. 1894. **Type:** Great Britain.

台湾（TW）；英国。

Liu 1983。

高杯绒泡菌

Physarum crateriforme Petch, Ann. R. Bot. Gdns Peradeniya 4 (5): 304. 1909.

福建（FJ）、台湾（TW）、广西（GX）、香港（HK）；印度、日本、斯里兰卡、爱尔兰、葡萄牙、英国、尼日利亚、美国。

Li Y & Li HZ 1989；Chen 1999；陈双林 2002；Tolgor et al. 2003a；李玉 2007b；陈双林和李玉 2009；闫淑珍等 2012；Liu et al. 2013。

乳黄绒泡菌

Physarum cremiluteum Y.F. Chen & C.H. Liu, in Liu & Chen, Taiwania 43 (3): 186. 1998.

台湾（TW）。

Liu & Chen 1998b；Tolgor et al. 2003a；Liu et al. 2013。

钙丝绒泡菌

Physarum decipiens M.A. Curtis, Amer. J. Sci. Arts, Ser. 2 6:

352. 1848.

黑龙江（HL）、内蒙古（NM）、江苏（JS）、湖南（HN）、西藏（XZ）、福建（FJ）、台湾（TW）、广东（GD）、广西（GX）、海南（HI）、香港（HK）；希腊、加拿大、美国、澳大利亚；南美洲。

Ing 1987；Li Y & Li HZ 1989；Tolgor et al. 2003a，2003b；Härkönen et al. 2004b；徐美琴等 2006；李玉 2007b；陈双林和李玉 2009；陈双林等 2010；闫淑珍等 2012；Liu et al. 2013。

畸形绒泡菌

Physarum deformans Shuang L. Chen & Y. Li, Mycosystema 19 (3): 331. 2000. **Type:** China (Shandong).

内蒙古（NM）、河北（HEB）、山西（SX）、山东（SD）、河南（HEN）、陕西（SN）。

陈双林和李玉 2000，2009；Tolgor et al. 2003a，2003b；李玉 2007b。

网孢绒泡菌

Physarum dictyosporum G.W. Martin, Brittonia 14: 183. 1962. **Type:** United States (Michigan).

台湾（TW）；美国。

Liu et al. 2013。

双皮绒泡菌

Physarum diderma Rostaf., Śluzowce Monogr. (Paryz) p 110. 1875 [1874].

吉林（JL）、北京（BJ）、浙江（ZJ）；印度、挪威、波兰、瑞典、美国。

刘宗麟 1982；Li Y & Li HZ 1989；Tolgor et al. 2003a；杨乐等 2004b；李玉 2007b；陈双林和李玉 2009。

拟双皮绒泡菌

Physarum didermoides (Ach. ex Pers.) Rostaf., Śluzowce Monogr. (Paryz) p 97. 1875 [1874].

黑龙江（HL）、吉林（JL）、辽宁（LN）、内蒙古（NM）、山西（SX）、安徽（AH）、湖南（HN）、湖北（HB）、云南（YN）、台湾（TW）、海南（HI）。

刘宗麟 1982；图力古尔和李玉 2001a；Tolgor et al. 2003a；Härkönen et al. 2004b；杨乐等 2004b；李玉 2007b；陈双林和李玉 2009。

棘孢绒泡菌

Physarum echinosporum Lister, J. Bot., Lond. 37: 147. 1899.

甘肃（GS）、台湾（TW）；印度、印度尼西亚、菲律宾、肯尼亚、牙买加、乌拉圭、西印度群岛。

Liu & Chung 1993；Tolgor et al. 2003a；Zhuang 2005；李玉 2007b；陈双林等 2009；陈双林和李玉 2009；Liu et al. 2013。

黄头绒泡菌

Physarum flavicomum Berk., London J. Bot. 4: 66. 1845.

Type: Western Australia.

黑龙江（HL）、吉林（JL）、北京（BJ）、安徽（AH）、江苏（JS）、四川（SC）、西藏（XZ）、福建（FJ）、台湾（TW）、海南（HI）；印度、日本、菲律宾、塞拉利昂、南非、加拿大、哥斯达黎加、美国、巴西、澳大利亚、新西兰。

Li Y & Li HZ 1989；王琦等 1994；Tolgor et al. 2003a；杨乐等 2004b；李玉 2007b；陈双林和李玉 2009；朱鹤和王琦 2009；陈双林等 2010；Liu et al. 2013。

黄绒泡菌［新拟］

Physarum flavidum (Peck) Peck, Ann. Rep. N.Y. St. Mus. Nat. Hist. 31: 55. 1879.

中国（具体地点不详）。

陈双林和李玉 2009。

铬黄绒泡菌

Physarum galbeum Wingate, in Macbride, N. Amer. Slime-Moulds (New York) p 53. 1899.

黑龙江（HL）、吉林（JL）、辽宁（LN）、内蒙古（NM）；爱尔兰、葡萄牙、英国、加拿大、牙买加、美国。

刘宗麟 1982；Li Y & Li HZ 1989；Tolgor et al. 2003a，2003b；杨乐等 2004b；李玉 2007b；陈双林和李玉 2009；陈小姝等 2011。

皱皮绒泡菌

Physarum gilkeyanum H.C. Gilbert, in Peck & Gilbert, Am. J. Bot. 19: 133. 1932. **Type:** United States (Oregon).

内蒙古（NM）、河北（HEB）、山西（SX）、山东（SD）、河南（HEN）、陕西（SN）；印度、美国。

Tolgor et al. 2003a，2003b；李玉 2007b；陈双林和李玉 2009。

全白绒泡菌

Physarum globuliferum (Bull.) Pers., Syn. Meth. Fung. (Göttingen) 1: 175. 1801.

吉林（JL）、内蒙古（NM）、河北（HEB）、北京（BJ）、河南（HEN）、陕西（SN）、甘肃（GS）、安徽（AH）、湖南（HN）、湖北（HB）、云南（YN）、福建（FJ）、台湾（TW）、海南（HI）。

Li Y & Li HZ 1989；李惠中 1995；Chen et al. 1999；图力古尔和李玉 2001a；Tolgor et al. 2003a；Härkönen et al. 2004b；杨乐等 2004b；Zhuang 2005；李玉 2007b；陈双林和李玉 2009；潘景芝等 2009；陈小姝等 2011；闫淑珍等 2012；Liu et al. 2013；李晨等 2013；蔡若鹏等 2014；王晓丽等 2014。

草生绒泡菌

Physarum herbaticum Shuang L. Chen & Y. Li, Mycosystema 19 (3): 332. 2000. **Type:** China (Guangxi).

广西（GX）。

陈双林和李玉 2000，2009；陈双林 2002；Tolgor et al.

2003a；李玉 2007b；闫淑珍等 2012。

香港绒泡菌

Physarum hongkongense Chao H. Chung, Slime Moulds of Hong Kong, 1996-97 China Study Project. Research Report to the Office of Academic Links, Chinese University of Hong Kong (Taipei) p 19. 1997. **Type:** China (Hong Kong).

台湾（TW）、香港（HK）。

Tolgor et al. 2003a；闫淑珍等 2012；Liu et al. 2013。

盘状绒泡菌

Physarum javanicum Racib., Hedwigia 38: 53. 1898.

黑龙江（HL）、吉林（JL）、辽宁（LN）、内蒙古（NM）、贵州（GZ）、云南（YN）、福建（FJ）；印度尼西亚、日本、英国、哥斯达黎加、牙买加、特立尼达和多巴哥、美国、哥伦比亚；非洲。

Li Y & Li HZ 1989；Tolgor et al. 2003a，2003b；杨乐等 2004b；徐美琴等 2006；李玉 2007b；陈双林和李玉 2009；戴群等 2010。

光孢绒泡菌

Physarum laevisporum Agnihothr., Sydowia 16 (1-6): 121. 1963 [1962]. **Type:** India (Assam).

台湾（TW）；印度。

Liu et al. 2001，2013。

拉氏绒泡菌

Physarum lakhanpalii Nann.-Bremek. & Y. Yamam., Proc. K. Ned. Akad. Wet., Ser. C, Biol. Med. Sci. 90 (3): 335. 1987. **Type:** Japan (Honshu).

湖南（HN）、台湾（TW）、香港（HK）；日本。

Tolgor et al. 2003a；Härkönen et al. 2004b；闫淑珍等 2012。

砖红绒泡菌

Physarum lateritium (Berk. & Ravenel) Morgan, J. Cincinnati Soc. Nat. Hist. 19: 23. 1896.

黑龙江（HL）、吉林（JL）、辽宁（LN）、内蒙古（NM）、福建（FJ）；加拿大、巴拿马、美国；欧洲、南美洲。

刘宗麟 1982；Li Y & Li HZ 1989；Tolgor et al. 2003a，2003b；杨乐等 2004b；李玉 2007b；陈双林和李玉 2009。

白褐绒泡菌

Physarum leucophaeum Fr., in Fries & Nordholm, Symb. Gasteromyc. (Lund) 3: 24. 1818 [1817].

黑龙江（HL）、吉林（JL）、内蒙古（NM）、甘肃（GS）、湖南（HN）、云南（YN）、西藏（XZ）、福建（FJ）、台湾（TW）；印度、巴基斯坦、塞拉利昂、牙买加、智利、新西兰；欧洲、北美洲。

臧穆 1980；Li Y & Li HZ 1989；Tolgor et al. 2003a；Härkönen et al. 2004b；Zhuang 2005；李玉 2007b；陈双林等 2009，2010；陈双林和李玉 2009；闫淑珍等 2012；Liu et al. 2013；朱鹤等 2013。

白柄绒泡菌

Physarum leucopus Link, Mag. Gesell. Naturf. Freunde, Berlin 3 (1-2): 27. 1809.

吉林（JL）、辽宁（LN）、内蒙古（NM）、河北（HEB）、北京（BJ）、甘肃（GS）、安徽（AH）、江苏（JS）、浙江（ZJ）、云南（YN）、福建（FJ）、台湾（TW）、海南（HI）。

刘宗麟 1982；Liu 1983；Li Y & Li HZ 1989；陈双林等 1994；Tolgor et al. 2003a；杨乐等 2004b；Zhuang 2005；李玉 2007b；陈双林和李玉 2009；陈小姝等 2011；李明和李玉 2011；闫淑珍等 2012；Liu et al. 2013。

地衣型绒泡菌［新拟］

Physarum licheniforme (Szabó ex Schwein.) Lado, Cuadernos de Trabajo de Flora Micológica Ibérica (Madrid) 16: 70. 2001.

台湾（TW）。

Liu et al. 2013。

大轴绒泡菌

Physarum listeri T. Macbr., in Macbride & Martin, The Myxomycetes (New York) p 62. 1934.

吉林（JL）、河北（HEB）；印度、日本、巴基斯坦；欧洲、北美洲。

刘宗麟 1982；Li Y & Li HZ 1989；Tolgor et al. 2003a；杨乐等 2004b；李玉 2007b；陈双林和李玉 2009。

侧扁绒泡菌

Physarum loratum Shuang L. Chen, Y. Li & H.Z. Li, Mycosystema 18 (4): 345. 1999. **Type:** China (Xinjiang).

内蒙古（NM）、甘肃（GS）、青海（QH）、新疆（XJ）。

陈双林等 1999b；Tolgor et al. 2003a，2003b；Zhuang 2005；李玉 2007b；陈双林和李玉 2009；朱鹤等 2013。

鲜黄绒泡菌

Physarum luteolum Peck, Ann. Rep. N.Y. St. Mus. Nat. Hist. 30: 50. 1878 [1877].

吉林（JL）、福建（FJ）；捷克、爱尔兰、英国、加拿大、美国。

刘宗麟 1982；Li Y & Li HZ 1989；Tolgor et al. 2003a；杨乐等 2004b；李玉 2007b；陈双林和李玉 2009。

玉蜀黍绒泡菌［新拟］

Physarum maydis (Morgan) Torrend, Brotéria, sér. Bot. 7: 133. 1908.

台湾（TW）。

Tolgor et al. 2003a。

大孢绒泡菌

Physarum megalosporum T. Macbr., N. Amer. Slime-Moulds (New York) p 63. 1922.

江苏（JS）、福建（FJ）；美国。

Li Y & Li HZ 1989；Tolgor et al. 2003a；李玉 2007b；陈双

林和李玉 2009。

淡黄绒泡菌

Physarum melleum (Berk. & Broome) Massee, Monogr. Myxogastr. (London) p 278. 1892.

黑龙江（HL）、吉林（JL）、辽宁（LN）、内蒙古（NM）、河北（HEB）、北京（BJ）、河南（HEN）、陕西（SN）、甘肃（GS）、安徽（AH）、江苏（JS）、湖南（HN）、湖北（HB）、四川（SC）、云南（YN）、福建（FJ）、台湾（TW）、广西（GX）、香港（HK）。

刘宗麟 1982；Liu 1983；Li Y & Li HZ 1989；袁海滨和陈双林 1996；Chen 1999；Chen et al. 1999；陈双林等 1999a；陈双林 2002；Tolgor et al. 2003a；Härkönen et al. 2004b；杨乐等 2004b；李玉 2007b；陈双林和李玉 2009；潘景芝等 2009；朱鹤和王琦 2009；陈小姝等 2011；李明和李玉 2011；闫淑珍等 2012；Liu et al. 2013；李晨等 2013；朱鹤等 2013。

赭色绒泡菌

Physarum mortonii T. Macbr., N. Amer. Slime-Moulds (New York) 1: 58. 1922. **Type:** United States (Oregon).

黑龙江（HL）、吉林（JL）、辽宁（LN）、内蒙古（NM）、湖北（HB）；美国。

Tolgor et al. 2003a，2003b；李玉 2007b；陈双林和李玉 2009。

黏绒泡菌［新拟］

Physarum mucosum Nann.-Bremek., Acta Bot. Neerl. 7: 782. 1958. **Type:** Netherlands.

台湾（TW）；荷兰。

Liu 1980。

灰褐绒泡菌

Physarum murinum Lister, Monogr. Mycetozoa (London) p 41. 1894.

黑龙江（HL）、吉林（JL）、辽宁（LN）、内蒙古（NM）、西藏（XZ）。

Tolgor et al. 2003a，2003b；杨乐等 2004b；陈双林和李玉 2009；陈双林等 2010。

易变绒泡菌

Physarum mutabile (Rostaf.) G. Lister, Monogr. Mycetozoa, Edn 2 (London) p 53. 1911.

吉林（JL）、河北（HEB）、台湾（TW）；斯里兰卡、喀麦隆、南非、加拿大、美国；欧洲（西部）。

刘宗麟 1982；Tolgor et al. 2003a；杨乐等 2004b；李玉 2007b；陈双林和李玉 2009；Liu et al. 2013。

纳斯绒泡菌［新拟］

Physarum nasuense Emoto, Myxomyc. Japan (Tokyo) p 194, pl. 97 (figs. 1-4). 1977. **Type:** Japan.

台湾（TW）；日本。

Tolgor et al. 2003a；Liu et al. 2013。

紫绒泡菌

Physarum newtonii T. Macbr., Bull. Iowa Lab. Nat. Hist. 2: 390. 1893.

福建（FJ）、台湾（TW）、广东（GD）、广西（GX）、海南（HI）；日本、美国。

陈双林和李玉 2000，2009；Tolgor et al. 2003a，2003b；李玉 2007b。

多瓣绒泡菌

Physarum nicaraguense T. Macbr., Bulletin Labs. Nat. Hist. St. Univ. Ia 2: 382. 1893.

吉林（JL）、辽宁（LN）、北京（BJ）、山西（SX）、福建（FJ）、台湾（TW）、海南（HI）；印度、日本、菲律宾、塞拉利昂、哥斯达黎加、尼加拉瓜。

刘宗麟 1982；Li Y & Li HZ 1989；Tolgor et al. 2003a；杨乐等 2004b；李玉 2007b；陈双林和李玉 2009；李明和李玉 2011；闫淑珍等 2012；Liu et al. 2013。

黑基绒泡菌

Physarum nigripodum Nann.-Bremek. & Y. Yamam., Proc. K. Ned. Akad. Wet., Ser. C, Biol. Med. Sci. 90 (3): 340. 1987. **Type:** Japan (Honshu).

福建（FJ）、台湾（TW）、广东（GD）、广西（GX）、海南（HI）；日本。

Tolgor et al. 2003a，2003b；闫淑珍等 2012。

联生绒泡菌

Physarum notabile T. Macbr., N. Amer. Slime-Moulds, Edn 2 (New York) p 80. 1922.

吉林（JL）、内蒙古（NM）、湖南（HN）、台湾（TW）；印度、加拿大、美国、新西兰；欧洲。

刘宗麟 1982；Li Y & Li HZ 1989；陈双林等 1994；Tolgor et al. 2003a；Härkönen et al. 2004b；杨乐等 2004b；李玉 2007b；陈双林和李玉 2009；陈小姝等 2011；Liu et al. 2013。

钙核绒泡菌

Physarum nucleatum Rex, Proc. Acad. Nat. Sci. Philad. 43 (2): 389. 1891.

吉林（JL）、河北（HEB）、江苏（JS）、湖南（HN）、云南（YN）、西藏（XZ）、福建（FJ）、台湾（TW）、广东（GD）、广西（GX）、海南（HI）；日本、罗马尼亚、英国、南非、尼加拉瓜、美国。

Li Y & Li HZ 1989；Chen 1999；陈双林等 1999a，2010；李玉等 2001；陈双林 2002；Tolgor et al. 2003a；Härkönen et al. 2004b；王琦和李玉 2004；杨乐等 2004b；李玉 2007b；陈双林和李玉 2009；闫淑珍等 2012；Liu et al. 2013。

裸绒泡菌［新拟］

Physarum nudum T. Macbr., in Peck & Gilbert, Am. J. Bot. 19: 134. 1932. **Type:** United States (Washington & Oregon).

黑龙江（HL）、吉林（JL）、辽宁（LN）、内蒙古（NM）；美国。

Tolgor et al. 2003a，2003b。

垂头绒泡菌

Physarum nutans Pers., Ann. Bot. (Usteri) 15: 6. 1795.

黑龙江（HL）、吉林（JL）、辽宁（LN）、内蒙古（NM）、河北（HEB）、北京（BJ）、陕西（SN）、甘肃（GS）、江苏（JS）、浙江（ZJ）、湖南（HN）、湖北（HB）、四川（SC）、贵州（GZ）、云南（YN）、西藏（XZ）、福建（FJ）、台湾（TW）、广东（GD）、广西（GX）、香港（HK）。

刘宗麟 1982；Ing 1987；Li Y & Li HZ 1989；Chiang & Liu 1991；陈双林等 1994，1999a，2009，2010；王琦等 1994；Chen 1999；陈双林 2002；王琦和李玉 2004；杨乐等 2004b；Zhuang 2005；徐美琴等 2006；李玉 2007b；陈双林和李玉 2009；潘景芝等 2009；戴群等 2010；刘福杰等 2010；陈小妹等 2011；李明和李玉 2011；闫淑珍等 2012；朱鹤等 2013。

垂头绒泡菌红色变型

Physarum nutans f. **rubrum** Nann.-Bremek. & Y. Yamam., Proc. K. Ned. Akad. Wet., Ser. C, Biol. Med. Sci. 90 (3): 341. 1987. **Type:** Japan (Honshu).

台湾（TW）；日本。

Chung & Liu 1997a。

垂头绒泡菌原变种［新拟］

Physarum nutans var. **nutans** Pers., Ann. Bot. (Usteri) 15: 6. 1795.

黑龙江（HL）、吉林（JL）、辽宁（LN）、内蒙古（NM）、河北（HEB）、北京（BJ）、江苏（JS）、湖南（HN）、湖北（HB）、四川（SC）、福建（FJ）、台湾（TW）、广东（GD）、广西（GX）、香港（HK）。

Tolgor et al. 2003a。

垂头绒泡菌红色变种［新拟］

Physarum nutans var. **rubrum** (Nann.-Bremek. & Y. Yamam.) Chao H. Chung, in Chung & Liu, Taiwania 42 (4): 282. 1997.

台湾（TW）。

Tolgor et al. 2003a。

玉米绒泡菌

Physarum oblatum T. Macbr., N. Amer. Slime-Moulds, Edn 2 (New York) p 91. 1922.

北京（BJ）、安徽（AH）、湖南（HN）、四川（SC）、云南（YN）、福建（FJ）、台湾（TW）、广东（GD）、海南（HI）、香港（HK）。

Ing 1987；Li Y & Li HZ 1989；Tolgor et al. 2003a；Härkönen et al. 2004b；李玉 2007b；陈双林和李玉 2009；闫淑珍等 2012；Liu et al. 2013。

倒梨形绒泡菌

Physarum obpyriforme C.H. Liu & Y.F. Chen, Taiwania 43 (3): 186. 1998.

台湾（TW）。

Liu & Chen 1998b；Tolgor et al. 2003a；闫淑珍等 2012；Liu et al. 2013。

类卵孢绒泡菌［新拟］

Physarum ovisporoides Y. Yamam. & Shuang L. Chen, in Yamamoto, Chen, Degawa & Hagiwara, Bull. Natn. Sci. Mus., Tokyo, B 28 (3): 71. 2002. **Type:** China (Yunnan).

云南（YN）。

陈双林和李玉 2009。

卵孢绒泡菌

Physarum ovisporum G. Lister, J. Bot., Lond. 59: 91. 1921.

吉林（JL）、台湾（TW）；瑞士、英国、美国。

Li Y & Li HZ 1989；Tolgor et al. 2003a；李玉 2007b；陈双林和李玉 2009；Liu et al. 2013。

穿轴绒泡菌

Physarum penetrale Rex, Proc. Acad. Nat. Sci. Philad. 43 (2): 389. 1891.

吉林（JL）、湖南（HN）、福建（FJ）、台湾（TW）；瑞士、英国、美国。

Li Y & Li HZ 1989；Chung & Liu 1997a；Tolgor et al. 2003a；Härkönen et al. 2004b；李玉 2007b；陈双林和李玉 2009；闫淑珍等 2012；Liu et al. 2013。

盘头绒泡菌

Physarum pezizoideum (Jungh.) Pavill. & Lagarde, Bull. Soc. Mycol. Fr. 19 (2): 87. 1903.

Trichamphora pezizoidea Jungh., Verh. Batav. Genootsch. Kunst. Wet. 17 (2): 12. 1838.

吉林（JL）、北京（BJ）、陕西（SN）、江西（JX）、四川（SC）、贵州（GZ）、云南（YN）、西藏（XZ）、福建（FJ）、台湾（TW）、广西（GX）、海南（HI）；印度、日本、菲律宾、刚果（金）、利比里亚、塞拉利昂、美国、澳大利亚；南美洲。

刘宗麟 1982；Li Y & Li HZ 1989；李树森等 1992；李惠中 1995；陈双林 2002；Tolgor et al. 2003a；杨乐等 2004b；李玉 2007b；陈双林和李玉 2009；陈双林等 2010；戴群等 2010；闫淑珍等 2012；Liu et al. 2013。

穿透绒泡菌

Physarum plicatum Nann.-Bremek. & Y. Yamam., Proc. K. Ned. Akad. Wet., Ser. C, Biol. Med. Sci. 93 (3): 284. 1990. **Type:** Nepal.

台湾（TW）；尼泊尔。

Chung & Liu 1997a；Tolgor et al. 2003a；陈双林和李玉 2009；Liu et al. 2013。

多头绒泡菌

Physarum polycephalum Schwein., Schr. Naturf. Ges. Leipzig 1: 62 (36 of repr.). 1822.

黑龙江（HL）、吉林（JL）、河北（HEB）、北京（BJ）、江苏（JS）、福建（FJ）、台湾（TW）、海南（HI）；日本、缅甸、法国、罗马尼亚、哥斯达黎加、美国、巴西、乌拉圭。

Liu 1980；Li Y & Li HZ 1989；李惠中 1995；李玉等 2001；李玉 2007b；陈双林和李玉 2009；朱鹤和王琦 2009；史立平和李玉 2010；闫淑珍等 2012；Liu et al. 2013。

青铜绒泡菌

Physarum psittacinum Ditmar, in Sturm, Deutschl. Fl., 3 Abt. (Pilze Deutschl.) 1 (4): 125. 1817.

吉林（JL）、福建（FJ）、台湾（TW）；日本、菲律宾、罗马尼亚；欧洲（西部）、北美洲。

刘宗麟 1982；Li Y & Li HZ 1989；Chung & Liu 1997a；Tolgor et al. 2003a；杨乐等 2004b；李玉 2007b；陈双林和李玉 2009；Liu et al. 2013。

美丽绒泡菌［新拟］

Physarum pulcherrimum Berk. & Ravenel, in Berkeley, Grevillea 2 (no. 17): 65. 1873.

中国（具体地点不详）。

陈双林和李玉 2009。

极美绒泡菌［新拟］

Physarum pulcherripes Peck, Bull. Buffalo Soc. Nat. Hist. 1 (2): 64. 1873 [1873-1874].

黑龙江（HL）、吉林（JL）、辽宁（LN）、内蒙古（NM）。

Tolgor et al. 2003b；陈双林和李玉 2009。

长轴绒泡菌

Physarum puniceum Emoto, Bot. Mag., Tokyo 45: 229. 1931. **Type:** Japan.

吉林（JL）、辽宁（LN）、河北（HEB）、北京（BJ）；日本、朝鲜。

Li Y & Li HZ 1989；Tolgor et al. 2003a；李玉 2007b；陈双林和李玉 2009；潘景芝等 2009；李明和李玉 2011。

小囊绒泡菌

Physarum pusillopse D.W. Mitch. & Nann.-Bremek., Proc. K. Ned. Akad. Wet., Ser. C, Biol. Med. Sci. 80: 310. 1977. **Type:** Great Britain.

黑龙江（HL）、吉林（JL）、辽宁（LN）、内蒙古（NM）；英国。

Tolgor et al. 2003a，2003b；杨乐等 2004b；陈双林和李玉 2009。

小型绒泡菌

Physarum pusillum (Berk. & M.A. Curtis) G. Lister, Monogr.

Mycetozoa, Edn 2 (London) p 64. 1911.

黑龙江（HL）、吉林（JL）、辽宁（LN）、内蒙古（NM）、河北（HEB）、山西（SX）、河南（HEN）、陕西（SN）、甘肃（GS）、江苏（JS）、浙江（ZJ）、湖南（HN）、湖北（HB）、四川（SC）、云南（YN）、西藏（XZ）、福建（FJ）、台湾（TW）、广西（GX）、海南（HI）。

臧穆 1980；刘宗麟 1982；Li Y & Li HZ 1989；陈双林等 1994，2010；陈双林和李玉 1995，2009；Chen 1999；Chen et al. 1999，2013；陈双林 2002；Tolgor et al. 2003a；Härkönen et al. 2004b；杨乐等 2004b；徐美琴等 2006；李玉 2007b；潘景芝等 2009；刘福杰等 2010；陈小姝等 2011；李明和李玉 2011；闫淑珍等 2012；Liu et al. 2013。

心形绒泡菌

Physarum reniforme (Massee) G. Lister, Monogr. Mycetozoa, Edn 2 (London) p 72. 1911.

安徽（AH）、江苏（JS）、浙江（ZJ）、江西（JX）、湖南（HN）、湖北（HB）、海南（HI）；日本；欧洲、北美洲、南美洲。

李玉等 2001；Tolgor et al. 2003a，2003b；Härkönen et al. 2004b。

光皮绒泡菌

Physarum retisporum G.W. Martin, Mycologia 51 (2): 159. 1959. **Type:** India.

台湾（TW）；印度。

Liu 1989；Tolgor et al. 2003a；闫淑珍等 2012；Liu et al. 2013。

绿绒泡菌

Physarum rigidum (Lister) G. Lister, Monogr. Mycetozoa, 3rd Ed (London) p 36. 1925.

吉林（JL）、河南（HEN）、陕西（SN）、甘肃（GS）、湖北（HB）、云南（YN）、福建（FJ）、台湾（TW）、广东（GD）、广西（GX）、海南（HI）；中非、哥斯达黎加、美国、巴西、乌拉圭、澳大利亚。

Liu 1980；刘宗麟 1982；Li Y & Li HZ 1989；李惠中 1995；Chen et al. 1999；陈双林 2002；Tolgor et al. 2003a；王琦和李玉 2004；杨乐等 2004b；Zhuang 2005；李玉 2007b；陈双林和李玉 2009；潘景芝等 2009；朱鹤和王琦 2009；刘福杰等 2010；陈小姝等 2011；闫淑珍等 2012；Liu et al. 2013。

玫瑰绒泡菌

Physarum roseum Berk. & Broome, J. Linn. Soc., Bot. 14 (no. 74): 84. 1873 [1875]. **Type:** Sri Lanka.

吉林（JL）、河南（HEN）、陕西（SN）、甘肃（GS）、湖南（HN）、福建（FJ）、台湾（TW）、广东（GD）、广西（GX）；印度、印度尼西亚、日本、马来西亚、缅甸、菲律宾、斯里兰卡、美国。

刘宗麟 1982；Li Y & Li HZ 1989；Chiang & Liu 1991；Chen

1999；Chen et al. 1999；陈双林 2002；Härkönen et al. 2004b；杨乐等 2004b；李玉 2007b；陈双林和李玉 2009；闫淑珍等 2012；Liu et al. 2013。

暗红绒泡菌

Physarum rubiginosum Fr. & Palmquist, in Fries & Nordholm, Symb. Gasteromyc. (Lund) 3: 21. 1818 [1817].

黑龙江（HL）、吉林（JL）、辽宁（LN）、内蒙古（NM）。

Tolgor et al. 2003a，2003b；杨乐等 2004b；陈双林和李玉 2009。

蛇形绒泡菌

Physarum serpula Morgan, J. Cincinnati Soc. Nat. Hist. 19: 29. 1896.

黑龙江（HL）、湖北（HB）、福建（FJ）、台湾（TW）；印度、日本、巴拿马、美国。

Liu 1983；Li Y & Li HZ 1989；Tolgor et al. 2003a；李玉 2007b；陈双林和李玉 2009；Liu et al. 2013。

黄圈绒泡菌

Physarum sessile Brândză, Ann. Sci. Univ. Jassey 11: 116. 1921.

河北（HEB）、北京（BJ）、台湾（TW）、香港（HK）、澳门（MC）；日本、摩尔多瓦、罗马尼亚、加拿大、美国。

Li Y & Li HZ 1989；Tolgor et al. 2003a；李玉 2007b；陈双林和李玉 2009；闫淑珍等 2012；Liu et al. 2013。

污绒泡菌

Physarum solutum Schumach., Enum. Pl. (Kjbenhavn) 2: 204. 1803.

吉林（JL）。

杨乐等 2004b。

星状绒泡菌

Physarum stellatum (Massee) G.W. Martin, Mycologia 39 (4): 461. 1947.

吉林（JL）、云南（YN）、台湾（TW）、广西（GX）；印度尼西亚、菲律宾、非洲、北美洲、南美洲。

Li Y & Li HZ 1989；陈双林 2002；Tolgor et al. 2003a；王琦和李玉 2004；杨乐等 2004b；李玉 2007b；陈双林和李玉 2009；闫淑珍等 2012；Liu et al. 2013。

禾草绒泡菌

Physarum straminipes Lister, J. Bot., Lond. 36: 163. 1898.

台湾（TW）；法国、德国、爱尔兰、英国、美国、智利、新西兰。

Li Y & Li HZ 1989；Tolgor et al. 2003a；李玉 2007b；陈双林和李玉 2009；Liu et al. 2013。

硫色绒泡菌

Physarum sulphureum Alb. & Schwein., Consp. Fung. (Leipzig) p 93. 1805.

河北（HEB）、北京（BJ）、湖北（HB）；日本、塞拉利昂、加拿大、美国；欧洲。

Li Y & Li HZ 1989；Tolgor et al. 2003a；李玉 2007b；陈双林和李玉 2009。

多变绒泡菌［新拟］

Physarum superbum Hagelst., Mycologia 32 (3): 385. 1940.

台湾（TW）。

Tolgor et al. 2003a；Liu et al. 2013。

台湾绒泡菌

Physarum taiwanianum Chao H. Chung & C.H. Liu, Taiwania 41 (2): 92. 1996. **Type:** China (Taiwan).

台湾（TW）。

Chung & Liu 1996c；Tolgor et al. 2003a；Liu et al. 2013。

细弱绒泡菌

Physarum tenerum Rex, Proc. Acad. Nat. Sci. Philad. 42: 192. 1890.

吉林（JL）、青海（QH）、江苏（JS）、湖南（HN）、西藏（XZ）、福建（FJ）、台湾（TW）、广东（GD）、海南（HI）。

刘宗麟 1982；Li Y & Li HZ 1989；Tolgor et al. 2003a；Härkönen et al. 2004b；杨乐等 2004b；刘朴和王琦 2006；李玉 2007b；陈双林和李玉 2009；陈双林等 2010；闫淑珍 2010，2012；Liu et al. 2013。

脐绒泡菌［新拟］

Physarum umbiliciferum Y. Yamam. & Nann.-Bremek., in Nannenga-Bremekamp & Yamamoto, Proc. K. Ned. Akad. Wet., Ser. C, Biol. Med. Sci. 93 (3): 276. 1990. **Type:** Japan.

中国（具体地点不详）；日本。

陈双林和李玉 2009。

彩囊绒泡菌［新拟］

Physarum utriculare (Bull.) Chevall., Fl. Gén. Env. Paris (Paris): 1: 337. 1826.

Badhamia utricularis (Bull.) Berk., Proc. Linn. Soc. London 2: 199. 1852.

吉林（JL）、辽宁（LN）、内蒙古（NM）、河北（HEB）、山西（SX）、河南（HEN）、陕西（SN）、甘肃（GS）、青海（QH）、新疆（XJ）、浙江（ZJ）、湖北（HB）、西藏（XZ）、台湾（TW）。

刘宗麟 1982；Li Y & Li HZ 1989；李树森等 1992；李惠中 1995；Chen et al. 1999；图力古尔和李玉 2001b；Tolgor et al. 2003a；杨乐等 2004b；Zhuang 2005；李玉 2007b；陈双林等 2010；闫淑珍等 2010；陈小姝等 2011；李明和李玉 2011；朱鹤等 2013。

彩色绒泡菌

Physarum variegatum K.S. Thind & S.S. Dillon, Mycologia 59: 464. 1967. **Type:** India (Darjiling).

湖北（HB）、云南（YN）、台湾（TW）；印度。

Tolgor et al. 2003a；李玉 2007b；陈双林和李玉 2009；闫淑珍等 2012。

灰白绒泡菌

Physarum vernum Sommerf., in Fr., Syst. Mycol. (Lundae) 3 (1): 146. 1829.

吉林（JL）、内蒙古（NM）、河北（HEB）、山西（SX）、甘肃（GS）、湖北（HB）、云南（YN）、福建（FJ）、台湾（TW）；印度、日本、奥地利、挪威、葡萄牙、瑞典、英国、南非、加拿大、古巴、墨西哥、美国、澳大利亚、新西兰。

刘宗麟 1982；Li Y & Li HZ 1989；陈双林等 1994，2009；陈双林和李玉 1995，2009；Tolgor et al. 2003a；杨乐等 2004b；Zhuang 2005；李玉 2007b；闫淑珍等 2012；Liu et al. 2013。

黄绿绒泡菌

Physarum virescens Ditmar, in Sturm, Deutschl. Fl., 3 Abt. (Pilze Deutschl.) 1 (4): 123. 1817.

新疆（XJ）、江苏（JS）、西藏（XZ）、福建（FJ）；印度、印度尼西亚、日本、阿尔及利亚、墨西哥、美国、巴西、巴拉圭；欧洲、北美洲。

Li Y & Li HZ 1989；陈双林等 1999b，2010；Tolgor et al. 2003a；Zhuang 2005；徐美琴等 2006；李玉 2007b；陈双林和李玉 2009。

绿绒泡菌橘黄变种［新拟］

Physarum viride var. **aurantium** (Bull.) Lister, Monogr. Mycetozoa (London) p 47. 1894.

Physarum viride f. *aurantium* (Bull.) Y. Yamam., The Myxomycete Biota of Japan (Tokyo) p 495. 1998.

吉林（JL）、安徽（AH）、浙江（ZJ）、台湾（TW）、海南（HI）。

Tolgor et al. 2003a。

绿绒泡菌原变种［新拟］

Physarum viride var. **viride** (Bull.) Pers., Ann. Bot. (Usteri) 15: 6. 1795.

Physarum viride (Bull.) Pers., Observ. Mycol. (Lipsiae) 1: 6. 1796.

黑龙江（HL）、吉林（JL）、内蒙古（NM）、河北（HEB）、北京（BJ）、河南（HEN）、陕西（SN）、甘肃（GS）、青海（QH）、安徽（AH）、浙江（ZJ）、湖南（HN）、湖北（HB）、四川（SC）、云南（YN）、西藏（XZ）、福建（FJ）、台湾（TW）、广西（GX）、海南（HI）、香港（HK）。

黄年来等 1981；刘宗麟 1982；Li Y & Li HZ 1989；陈双林等 1994，1999a，2010；王琦等 1994；李惠中 1995；Chen et al. 1999；李玉等 2001；图力古尔和李玉 2001a，2001b；陈双林 2002；Tolgor et al. 2003a；Härkönen et al.

2004b；王琦和李玉 2004；杨乐等 2004b；李玉 2007b；陈双林和李玉 2009；潘景芝等 2009；刘福杰等 2010；闫淑珍等 2010，2012；陈小姝等 2011；Liu et al. 2013；朱鹤等 2013。

产黄绒泡菌［新拟］

Physarum xanthinum Nann.-Bremek. & Döbbeler, Mitt. Naturw. Ver. Steierm. 106: 138. 1976. **Type:** Austria.

湖南（HN）；奥地利。

Härkönen et al. 2004a，2004b。

木生绒泡菌

Physarum xylophilum Shuang L. Chen & Y. Li, Mycosystema 17 (4): 291. 1998. **Type:** China (Sichuan).

黑龙江（HL）、吉林（JL）、辽宁（LN）、内蒙古（NM）、四川（SC）。

陈双林和李玉 1998，2009；Tolgor et al. 2003a，2003b；李玉 2007b；陈小姝等 2011。

钩丝菌属

Willkommlangea Kuntze, Revis. Gen. Pl. (Leipzig) 2: 208. 1891.

钩丝菌

Willkommlangea reticulata (Alb. & Schwein.) Kuntze, Revis. Gen. Pl. (Leipzig) 2: 875. 1891.

Cienkowskia reticulata (Alb. & Schwein.) Rostaf., Vers. Syst. Mycetozoen (Strassburg) p 9. 1875 [1874].

吉林（JL）、内蒙古（NM）、湖北（HB）、云南（YN）、台湾（TW）。

刘宗麟 1982；陈双林等 1994；Chung & Liu 1997a；Tolgor et al. 2003a；杨乐等 2004b；李玉 2007b；潘景芝等 2009；Liu & Chang 2012。

发网菌目 Stemonitida anon.

发网菌科 Stemonitidaceae Fr.

黑毛菌属

Amaurochaete Rostaf., Vers. Syst. Mycetozoen (Strassburg) p 8. 1873.

黑毛菌

Amaurochaete atra (Alb. & Schwein.) Rostaf., Vers. Syst. Mycetozoen (Strassburg) p 8. 1875 [1874].

新疆（XJ）、福建（FJ）、台湾（TW）；日本、英国、美国。

中科院登山科考队 1985；Li Y & Li HZ 1989；Tolgor et al. 2003a；Zhuang 2005；李玉 2007b。

筛管黑毛菌

Amaurochaete tubulina (Alb. & Schwein.) T. Macbr., N. Amer. Slime-Moulds, Edn 2 (New York) p 150. 1922.

吉林（JL）；日本、挪威、英国、美国。

李玉 2007b。

颈环菌属

Collaria Nann.-Bremek., Proc. K. Ned. Akad. Wet., Ser. C, Biol. Med. Sci. 70 (2): 208. 1967.

弧线颈环菌

Collaria arcyrionema (Rostaf.) Nann.-Bremek. ex Lado, Ruizia 9: 26. 1991.

Lamproderma arcyrionema Rostaf., Śluzowce Monogr. (Paryz) p 208. 1875 [1874].

黑龙江（HL）、吉林（JL）、辽宁（LN）、内蒙古（NM）、山东（SD）、河南（HEN）、陕西（SN）、甘肃（GS）、新疆（XJ）、江苏（JS）、浙江（ZJ）、湖南（HN）、湖北（HB）、云南（YN）、福建（FJ）、台湾（TW）、广东（GD）、广西（GX）、海南（HI）、澳门（MC）。

Liu 1981；刘宗麟 1982；王琦等 1994；Chung et al. 1997；Chen 1999；Chen et al. 1999；图力古尔和李玉 2001a；陈双林 2002；Tolgor et al. 2003a；Härkönen et al. 2004b；杨乐等 2004b；Zhuang 2005；徐美琴等 2006；李玉 2007a，2007b；陈双林等 2008，2009；潘景芝等 2009；刘福杰等 2010；闫淑珍等 2012；Liu & Chang 2014。

圆头颈环菌 [新拟]

Collaria elegans (Racib.) Dhillon & Nann.-Bremek., Proc. K. Ned. Akad. Wet., Ser. C, Biol. Med. Sci. 80 (4): 264. 1977.

Comatricha elegans (Racib.) G. Lister, Guide Brit. Mycetozoa, Edn 3 (London) p 31. 1909.

吉林（JL）、安徽（AH）、湖南（HN）、福建（FJ）、台湾（TW）、广西（GX）；日本、荷兰、波兰、摩洛哥、澳大利亚、新西兰、不列颠群岛、亚洲（南部）、美洲。

Li Y & Li HZ 1989；Chiang & Liu 1991；陈双林和李玉 1995；袁海滨和陈双林 1996；Chung & Liu 1997b；Chen 1999；陈双林 2002；Tolgor et al. 2003a；Härkönen et al. 2004b；杨乐等 2004b；李玉 2007b；潘景芝等 2009；陈小姝等 2011；闫淑珍等 2012；Liu & Chang 2014。

紫褐颈环菌

Collaria lurida (G. Lister) Nann.-Bremek., Nederlandse Myxomyceten, 2 Suppl. (Amsterdam) 80 (4): 236. 1975 [1974].

Comatricha lurida G. Lister, Monogr. Mycetozoa, 3rd Ed (London) p 145. 1925.

黑龙江（HL）、吉林（JL）、山东（SD）、安徽（AH）、江苏（JS）、浙江（ZJ）、湖南（HN）、贵州（GZ）、台湾（TW）；印度、以色列、日本、哥伦比亚、欧洲、北美洲。

刘宗麟 1982；Li Y & Li HZ 1989；Chiang & Liu 1991；王琦等 1994；Tolgor et al. 2003a；Härkönen et al. 2004b；杨乐等 2004b；徐美琴等 2006；李玉 2007b；戴群等 2010；Liu & Chang 2014。

鲁宾斯颈环菌 [新拟]

Collaria rubens (Lister) Nann.-Bremek., Nederlandse Myxomyceten, 2 Suppl. (Amsterdam) 80 (4): 236. 1975 [1974].

Comatricha rubens Lister, Monogr. Mycetozoa (London) p 123. 1894.

台湾（TW）。

Tolgor et al. 2003a；Liu & Chang 2014。

胶皮菌属

Colloderma G. Lister, J. Bot., Lond. 48: 312. 1910.

胶皮菌

Colloderma oculatum (C. Lippert) G. Lister, Taxonomie und medizinische Bedeutung der zur Gattung Geotrichum Link gehorenden Arten (Med. Habil.-Schrift, Magdeburg) 48: 312. 1910.

湖南（HN）。

Härkönen et al. 2004a，2004b。

粗壮胶皮菌 [新拟]

Colloderma robustum Meyl., Bull. Soc. Vaud. Sci. Nat. 58 (no. 233): 83. 1933.

湖南（HN）。

Härkönen et al. 2004a，2004b。

发菌属

Comatricha Preuss, Linnaea 24: 140. 1851.

柱发菌 [新拟]

Comatricha cylindrica (Bilgram) T. Macbr., N. Amer. Slime-Moulds, Edn 2 (New York) p 173. 1922.

浙江（ZJ）、台湾（TW）。

Li Y & Li HZ 1989；Tolgor et al. 2003a。

小发菌

Comatricha ellae Härk., Karstenia 18: 23. 1978.

内蒙古（NM）、湖南（HN）。

Härkönen et al. 2004b；朱鹤等 2013。

半网发菌

Comatricha irregularis Rex, Proc. Acad. Nat. Sci. Philad. 43 (2): 393. 1891.

河北（HEB）、北京（BJ）、陕西（SN）、台湾（TW）。

Li Y & Li HZ 1989；Tolgor et al. 2003a。

松发菌

Comatricha laxa Rostaf., Śluzowce Monogr. (Paryz) p 201. 1875 [1874].

吉林（JL）、辽宁（LN）、内蒙古（NM）、陕西（SN）、青海（QH）、安徽（AH）、江苏（JS）、福建（FJ）、台湾（TW）；德国；非洲（北部）、北美洲、南太平洋。

刘宗麟 1982；Li Y & Li HZ 1989；Chiang & Liu 1991；Tolgor et al. 2003a；杨乐等 2004b；李玉 2007b；潘景芝等 2009；刘福杰等 2010；闫淑珍等 2010；陈小姝等 2011；李明和

李玉 2011；朱鹤等 2013；Liu & Chang 2014。

长发菌垂变种

Comatricha longa var. **flaccida** Minakata, Monogr. Mycetozoa (London) p 149. 1925.

台湾（TW）。

Tolgor et al. 2003a。

长发菌原变种

Comatricha longa var. **longa** Peck, Ann. Rep. Reg. N.Y. St. Mus. 43: 70. 1890.

河北（HEB）、江苏（JS）、云南（YN）、台湾（TW）、海南（HI）。

Tolgor et al. 2003a。

长毛发菌

Comatricha longipila Nann.-Bremek., Acta Bot. Neerl. 11: 31. 1962. **Type:** Netherlands.

江苏（JS）、台湾（TW）、澳门（MC）；荷兰。

Chung et al. 1997；徐美琴等 2006；闫淑珍等 2012。

黑发菌

Comatricha nigra (Pers.) J. Schröt., in Cohn, Krypt.-Fl. Schlesien (Breslau) 3.1 (1-8): 118. 1886 [1889].

黑龙江（HL）、吉林（JL）、辽宁（LN）、内蒙古（NM）、河南（HEN）、陕西（SN）、甘肃（GS）、安徽（AH）、江苏（JS）、浙江（ZJ）、湖南（HN）、四川（SC）、贵州（GZ）、云南（YN）、福建（FJ）、台湾（TW）、广西（GX）、香港（HK）；世界广布。

刘宗麟 1982；Li Y & Li HZ 1989；陈双林等 1994，2009；Chen et al. 1999；陈双林 2002；Tolgor et al. 2003a；刘淑艳和李玉 2003；Härkönen et al. 2004b；王琦和李玉 2004；杨乐等 2004b；Zhuang 2005；徐美琴等 2006；李玉 2007b；潘景芝等 2009；戴群等 2010；刘福杰等 2010；李明和李玉 2011；闫淑珍等 2012；朱鹤等 2013；Liu & Chang 2014。

垂头发菌

Comatricha nutans Shuang L. Chen, Mycotaxon 72: 396. 1999. **Type:** China (Guangxi).

福建（FJ）、台湾（TW）、广东（GD）、广西（GX）、海南（HI）。

Chen 1999；陈双林 2002；Tolgor et al. 2003a，2003b；闫淑珍等 2012。

微孢发菌

Comatricha parvispora Dhillon & Nann.-Bremek., Proc. K. Ned. Akad. Wet., Ser. C, Biol. Med. Sci. 80 (4): 260. 1977. **Type:** India (Uttar Pradesh).

台湾（TW）；印度。

Liu & Chang 2014。

美发菌原变种［新拟］

Comatricha pulchella var. **pulchella** (C. Bab.) Rostaf., Gewächse des Fichtelgebirg's p 27. 1876.

Comatricha pulchella (C. Bab.) Rostaf., Śluzowce Monogr., Suppl. (Paryz) p 27. 1876.

吉林（JL）、内蒙古（NM）、河北（HEB）、河南（HEN）、陕西（SN）、甘肃（GS）、江苏（JS）、湖北（HB）、云南（YN）、福建（FJ）、台湾（TW）；英国、尼日利亚、玻利维亚、乌拉圭、新西兰；非洲（北部）、北美洲。

Li Y & Li HZ 1989；袁海滨和陈双林 1996；Chen et al. 1999；Tolgor et al. 2003a；杨乐等 2004b；李玉 2007b；潘景芝等 2009；闫淑珍等 2012；朱鹤等 2013；Liu & Chang 2014。

疣网发菌

Comatricha reticulospora Ing & P.C. Holland, Trans. Br. Mycol. Soc. 50 (4): 685. 1967. **Type:** Great Britain.

中国（具体地点不详）；英国。

徐美琴等 2006。

硬网发菌

Comatricha rigidireta Nann.-Bremek., Proc. K. Ned. Akad. Wet., Ser. C, Biol. Med. Sci. 69: 352. 1966. **Type:** Netherlands.

内蒙古（NM）；荷兰。

朱鹤等 2012。

亚丛发菌

Comatricha subcaespitosa Peck, Ann. Rep. Reg. N.Y. St. Mus. 43: 71. 1890. **Type:** United States (New York).

吉林（JL）、河北（HEB）、福建（FJ）；美国。

Li Y & Li HZ 1989；Tolgor et al. 2003a；杨乐等 2004b。

细发菌

Comatricha tenerrima (M.A. Curtis) G. Lister, Guide Brit. Mycetozoa, Edn 4 (London) p 39. 1919.

湖南（HN）、云南（YN）、台湾（TW）、香港（HK）。

Li Y & Li HZ 1989；Tolgor et al. 2003a；Härkönen et al. 2004b；闫淑珍等 2012；Liu & Chang 2014。

伤寒发菌相似变种［新拟］

Comatricha typhoides var. **similis** G. Lister, Monogr. Mycetozoa, Edn 2 (London) p 158. 1911.

台湾（TW）。

Tolgor et al. 2003a。

白柄菌属

Diachea Fr., Syst. Orb. Veg. (Lundae) 1: 143. 1825.

球形白柄菌

Diachea bulbillosa (Berk. & Broome) Lister, in Penzig, Myxomyc. Fl. Buitenzorg p 47. 1898.

吉林（JL）、辽宁（LN）、内蒙古（NM）、河北（HEB）、北京（BJ）、安徽（AH）、湖南（HN）、台湾（TW）；印度、美国、哥伦比亚。

Li Y & Li HZ 1989；图力古尔和李玉 2001a；Tolgor et al. 2003a；杨乐等 2004b；李玉 2007b；李明和李玉 2011。

白柄菌

Diachea leucopoda (Bull.) Rostaf., Śluzowce Monogr. (Paryz) p 190. 1875 [1874].

吉林（JL）、内蒙古（NM）、河北（HEB）、北京（BJ）、山西（SX）、山东（SD）、河南（HEN）、陕西（SN）、甘肃（GS）、江苏（JS）、湖南（HN）、湖北（HB）、云南（YN）、福建（FJ）、台湾（TW）、广西（GX）、香港（HK）。

李润霞等 1994；李惠中 1995；Chen et al. 1999；图力古尔和李玉 2001a；陈双林 2002；Härkönen et al. 2004b；王琦和李玉 2004；李玉 2007b；Liu & Chang 2011b；闫淑珍等 2012。

美白柄菌

Diachea splendens Peck, Ann. Rep. N.Y. St. Mus. Nat. Hist. 30: 50. 1878 [1877].

吉林（JL）、辽宁（LN）、内蒙古（NM）、河南（HEN）、陕西（SN）、甘肃（GS）；日本、美国。

刘宗麟 1982；Li Y & Li HZ 1989；陈双林等 1994；Chen et al. 1999；Tolgor et al. 2003a；杨乐等 2004b；李玉 2007b。

短白柄菌

Diachea subsessilis Peck, Ann. Rep. N.Y. St. Mus. Nat. Hist. 31: 41. 1878.

福建（FJ）、台湾（TW）、广东（GD）、广西（GX）、海南（HI）；印度尼西亚（爪哇岛）、日本、美国；欧洲。

Li Y & Li HZ 1989；陈双林 2002；Tolgor et al. 2003a，2003b；李玉 2007b；Liu & Chang 2011b。

团孢白柄菌

Diachea synspora H.Z. Li, Acta Mycol. Sin. 7 (2): 99. 1988. **Type:** China (Hubei).

湖北（HB）。

李惠中 1988；Li Y & Li HZ 1989；Tolgor et al. 2003a；李玉 2007b。

珠光菌属

Diacheopsis Meyl., Bull. Soc. Vaud. Sci. Nat. 57: 149. 1930.

灰褐珠光菌［新拟］

Diacheopsis griseobrunnea Shuang L. Chen, S.Z. Yan & M.Q. Guo, Mycotaxon 128: 174. 2014. **Type:** China (Guangxi).

广西（GX）。

Yan et al. 2014。

珠光菌

Diacheopsis metallica Meyl., Bull. Soc. Vaud. Sci. Nat. 57: 149. 1930.

吉林（JL）。

袁海滨和陈双林 1996。

垂丝菌属

Enerthenema Bowman, Trans. Linn. Soc. London 16: 152. 1830.

中等垂丝菌［新拟］

Enerthenema intermedium Nann.-Bremek. & R.L. Critchf., Proc. K. Ned. Akad. Wet., Ser. C, Biol. Med. Sci. 91 (4): 415. 1988. **Type:** United States (California).

台湾（TW）；美国。

Liu & Chang 2014。

垂丝菌

Enerthenema papillatum (Pers.) Rostaf., Śluzowce Monogr., Suppl. (Paryz) p 28. 1876.

Enerthenema berkeleyanum Rostaf., Śluzowce Monogr., Suppl. (Paryz) p 29. 1876.

吉林（JL）、湖南（HN）、福建（FJ）、台湾（TW）、香港（HK）；日本、朝鲜、德国、加拿大、美国、阿根廷、巴西、智利、澳大利亚。

黄年来等 1981；刘宗麟 1982；Chiang & Liu 1991；Tolgor et al. 2003a；Härkönen et al. 2004a，2004b；杨乐等 2004b；李玉 2007b；闫淑珍等 2012；Liu & Chang 2014。

亮皮菌属

Lamproderma Rostaf., Vers. Syst. Mycetozoen (Strassburg) p 7. 1873.

青紫亮皮菌

Lamproderma arcyrioides (Sommerf.) Rostaf., Śluzowce Monogr. (Paryz) p 208. 1875 [1874].

辽宁（LN）、陕西（SN）、云南（YN）；日本、美国、澳大利亚；欧洲、中美洲。

李玉 2007b；刘福杰等 2010；李明和李玉 2011。

亮皮菌

Lamproderma columbinum (Pers.) Rostaf., Vers. Syst. Mycetozoen (Strassburg) p 7. 1873.

吉林（JL）、辽宁（LN）、内蒙古（NM）、西藏（XZ）、台湾（TW）；日本、澳大利亚；欧洲、非洲（北部）、北美洲。

刘宗麟 1982；陈双林等 1994,2010；Tolgor et al. 2003a；杨乐等 2004b；徐美琴等 2006；李玉 2007b；李明和李玉 2011。

灰亮皮菌［新拟］

Lamproderma griseum K.S. Thind & T.N. Lakh., Mycologia 60 (5): 1080. 1969 [1968]. **Type:** India (Himachal Pradesh).

西藏（XZ）；印度。

陈双林等 2010。

粗柄亮皮菌

Lamproderma muscorum (Lév.) Hagelst., Mycologia 27 (1):

88. 1935.

台湾（TW）。

Liu & Chang 2014。

闪光亮皮菌

Lamproderma scintillans (Berk. & Broome) Morgan, J. Cincinnati Soc. Nat. Hist. 16: 131. 1894.

吉林（JL）、内蒙古（NM）、河南（HEN）、陕西（SN）、甘肃（GS）、江苏（JS）、浙江（ZJ）、江西（JX）、湖南（HN）、四川（SC）、福建（FJ）、台湾（TW）、广西（GX）、香港（HK）；印度、德国、英国、加拿大、巴拿马；南美洲。

刘宗麟 1982；陈双林等 1994，2008，2009；Chen 1999；Chen et al. 1999；陈双林 2002；Tolgor et al. 2003a；Härkönen et al. 2004b；杨乐等 2004b；Zhuang 2005；李玉 2007b；陈小姝等 2011；闫淑珍等 2012；Liu & Chang 2014。

空柄菌属

Macbrideola H.C. Gilbert, Univ. Iowa Stud. Nat. Hist. 16: 155. 1934.

银空柄菌［新拟］

Macbrideola argentea Nann.-Bremek. & Y. Yamam., Proc. K. Ned. Akad. Wet., Ser. C, Biol. Med. Sci. 86 (2): 228. 1983. **Type:** Japan (Honshu).

湖南（HN）；日本。

Härkönen et al. 2004b。

粗丝空柄菌

Macbrideola cornea (G. Lister & Cran) Alexop., Mycologia 59 (1): 112. 1967.

湖南（HN）、台湾（TW）。

Liu 1983；Li Y & Li HZ 1989；Chiang & Liu 1991；Tolgor et al. 2003a；Härkönen et al. 2004b；Liu & Chang 2014。

空柄菌

Macbrideola martinii (Alexop. & Beneke) Alexop., Mycologia 59 (1): 114. 1967.

湖南（HN）、四川（SC）、台湾（TW）；多米尼加、牙买加、美国。

Chiang & Liu 1991；Tolgor et al. 2003a；Härkönen et al. 2004b；李玉 2007b；Liu & Chang 2014。

荧光空柄菌［新拟］

Macbrideola scintillans H.C. Gilbert, Univ. Iowa Stud. Nat. Hist. 16: 156. 1934. **Type:** North America.

湖南（HN）；北美洲。

Härkönen et al. 2004b。

叉丝菌属

Paradiacheopsis Hertel, Dusenia 5: 191. 1954.

刺孢叉丝菌

Paradiacheopsis acanthodes (Alexop.) Nann.-Bremek., in Nannenga-Bremekamp & Yamamoto, Proc. K. Ned. Akad. Wet., Ser. C, Biol. Med. Sci. 70: 209. 1986.

Comatricha acanthodes Alexop., Mycologia 50 (1): 53. 1958.台湾（TW）、广西（GX）；以色列、日本、希腊、美国。

Chiang & Liu 1991；陈双林 2002；Tolgor et al. 2003a；李玉 2007b；闫淑珍等 2012；Liu & Chang 2014。

筛网叉丝菌

Paradiacheopsis cribrata Nann.-Bremek., Proc. K. Ned. Akad. Wet., Ser. C, Biol. Med. Sci. 71: 47. 1968. **Type:** France.

湖南（HN）、广东（GD）；法国。

Ing 1987；Härkönen et al. 2004b；闫淑珍等 2012。

红柄叉丝菌

Paradiacheopsis erythropodia (Ing) Nann.-Bremek., Proc. K. Ned. Akad. Wet., Ser. C, Biol. Med. Sci. 70 (2): 209. 1967.

Comatricha erythropodia Ing, Trans. Br. Mycol. Soc. 47 (1): 54. 1964.贵州（GZ）；尼日利亚。

戴群等 2010。

流苏叉丝菌

Paradiacheopsis fimbriata (G. Lister & Cran) Hertel ex Nann.-Bremek., Nederlandse Myxomyceten (Amsterdam) p 233. 1975 [1974].

Comatricha fimbriata G. Lister & Cran, J. Bot., Lond. 55: 122. 1917.

湖南（HN）、贵州（GZ）、台湾（TW）、广西（GX）；日本、土耳其、比利时、法国、希腊、意大利、荷兰、西班牙、英国、美国。

陈双林 2002；Tolgor et al. 2003a；Härkönen et al. 2004b；李玉 2007b；戴群等 2010；闫淑珍等 2012；Liu & Chang 2014。

长柄叉丝菌［新拟］

Paradiacheopsis longipes Hooff & Nann.-Bremek., Proc. K. Ned. Akad. Wet. 99 (1-2): 51. 1996. **Type:** Netherlands.

湖南（HN）；荷兰。

Härkönen et al. 2004a，2004b。

小叉丝菌［新拟］

Paradiacheopsis microcarpa (Meyl.) D.W. Mitch. ex Ing, in Ing, The Myxomycetes of Britain and Ireland, An Identification Handbook (Slough) p 194. 1999.

Clastoderma microcarpum (Meyl.) Kowalski, Mycologia 67 (3): 475. 1975.

湖南（HN）。

Härkönen et al. 2004b。

硬叉丝菌［新拟］

Paradiacheopsis rigida (Brândză) Nann.-Bremek., Proc. K.

Ned. Akad. Wet., Ser. C, Biol. Med. Sci. 70: 209. 1967.

湖南（HN）。

Härkönen et al. 2004b。

单生叉丝菌

Paradiacheopsis solitaria (Nann.-Bremek.) Nann.-Bremek., Proc. K. Ned. Akad. Wet., Ser. C, Biol. Med. Sci. 70: 209. 1967.

Comatricha solitaria Nann.-Bremek., Acta Bot. Neerl. 11: 31. 1962.

黑龙江（HL）、吉林（JL）、辽宁（LN）、内蒙古（NM）、湖南（HN）、贵州（GZ）；日本、法国、意大利、荷兰、西班牙、英国。

陈双林和李玉 1995；Tolgor et al. 2003a，2003b；Härkönen et al. 2004a，2004b；杨乐等 2004b；李玉 2007b；戴群等 2010。

发丝菌属

Stemonaria Nann.-Bremek., Y. Yamam. & R. Sharma, Proc. K. Ned. Akad. Wet., Ser. C, Biol. Med. Sci. 87 (4): 450. 1984.

半网发丝菌

Stemonaria irregularis (Rex) Nann.-Bremek., Y. Yamam. & R. Sharma, in Nannenga-Bremekamp, Nederlandse Myxomyceten, 2 Suppl. (Amsterdam): 505. 1983.

北京（BJ）、台湾（TW）；印度、日本、马来西亚、法国、荷兰、摩洛哥、加拿大、美国、澳大利亚。

李玉 2007b；Liu & Chang 2014。

疏网发丝菌

Stemonaria laxiretis Nann.-Bremek. & Y. Yamam., Proc. K. Ned. Akad. Wet., Ser. C, Biol. Med. Sci. 93 (3): 277. 1990. **Type:** Japan.

内蒙古（NM）；日本。

朱鹤等 2012。

辽宁发丝菌

Stemonaria liaoningensis B. Zhang & Y. Li, Sydowia 64 (2): 331. 2012. **Type:** China (Liaoning).

辽宁（LN）。

Zhang & Li 2012b。

细齿发丝菌［新拟］

Stemonaria pilosa Nann.-Bremek., in Nannenga-Bremekamp, Yamamoto & Sharma, Proc. K. Ned. Akad. Wet., Ser. C, Biol. Med. Sci. 87 (4): 455. 1984. **Type:** Sweden.

台湾（TW）；奥地利、瑞典。

Chung & Liu 1997b；Liu & Chang 2014。

发网菌属

Stemonitis Gled., Method. Fung. p 140. 1753.

光孢发网菌

Stemonitis axifera (Bull.) T. Macbr., N. Amer. Slime-Moulds

(New York) p 120. 1889.

Stemonitis axifera var. *axifera* (Bull.) T. Macbr., N. Amer. Slime-Moulds (New York) p 120. 1889.

黑龙江（HL）、吉林（JL）、辽宁（LN）、内蒙古（NM）、河北（HEB）、北京（BJ）、山西（SX）、河南（HEN）、陕西（SN）、甘肃（GS）、青海（QH）、新疆（XJ）、安徽（AH）、江苏（JS）、浙江（ZJ）、湖南（HN）、湖北（HB）、四川（SC）、贵州（GZ）、云南（YN）、西藏（XZ）、福建（FJ）、台湾（TW）、广东（GD）、广西（GX）、海南（HI）、香港（HK）；世界广布。

Liu 1980；刘宗麟 1982；陈双林等 1994，2009，2010；王琦等 1994；Chen et al. 1999；图力古尔和李玉 2001a；Tolgor et al. 2003a；Härkönen et al. 2004b；王琦和李玉 2004；杨乐等 2004b；Zhuang 2005；李玉 2007b；潘景芝等 2009；戴群等 2010；闫淑珍等 2010，2012；陈小姝等 2011；李明和李玉 2011；Liu & Chang 2014。

艾莫托发网菌［新拟］

Stemonitis emotoi Nann.-Bremek. & Y. Yamam., in Nannenga-Bremekamp, Yamamoto & Sharma, Proc. K. Ned. Akad. Wet., Ser. C, Biol. Med. Sci. 87 (4): 463. 1984. **Type:** Japan (Honshu).

台湾（TW）；日本。

Tolgor et al. 2003a。

锈色发网菌原变型［新拟］

Stemonitis ferruginea f. **ferruginea** Ehrenb., Sylv. Mycol. Berol. (Berlin) p 25. 1818.

台湾（TW）。

Tolgor et al. 2003a。

锈色发网菌紫色变种［新拟］

Stemonitis ferruginea var. **violacea** Meyl., Bull. Soc. Bot. Genève, 2 sér. 2 (no. 9): 264. 1910. **Type:** Switzerland.

台湾（TW）；瑞士。

Tolgor et al. 2003a。

刺发网菌

Stemonitis flavogenita E. Jahn, Verh. Bot. Ver. Prov. Brandenb. 45: 165. 1904 [1905].

黑龙江（HL）、吉林（JL）、辽宁（LN）、山西（SX）、河南（HEN）、陕西（SN）、甘肃（GS）、安徽（AH）、江西（JX）、湖北（HB）、福建（FJ）、台湾（TW）、海南（HI）；德国、巴拿马、美国；非洲。

Li Y & Li HZ 1989；Chen et al. 1999；Tolgor et al. 2003a；杨乐等 2004b；Zhuang 2005；李玉 2007b；陈双林等 2009；潘景芝等 2009；刘福杰等 2010；陈小姝等 2011；李明和李玉 2011；闫淑珍等 2012；Liu & Chang 2014。

褐发网菌

Stemonitis fusca Roth, in Roemer & Usteri, Mag. Bot. 1 (2):

26. 1787.

黑龙江（HL）、吉林（JL）、辽宁（LN）、内蒙古（NM）、河北（HEB）、北京（BJ）、山西（SX）、河南（HEN）、陕西（SN）、甘肃（GS）、青海（QH）、新疆（XJ）、安徽（AH）、江苏（JS）、浙江（ZJ）、江西（JX）、湖南（HN）、湖北（HB）、四川（SC）、贵州（GZ）、云南（YN）、西藏（XZ）、福建（FJ）、台湾（TW）、广西（GX）、海南（HI）；世界广布。

Liu 1980；黄年来等 1981；刘宗麟 1982；Li Y & Li HZ 1989；李宗英等 1992；陈双林等 1994，1999a，2009，2010；王琦等 1994；Chen 1999；Chen et al. 1999；图力古尔和李玉 2001a；陈双林 2002；Härkönen et al. 2004b；王琦和李玉 2004；杨乐等 2004b；李玉 2007b 潘景芝等 2009；戴群等 2010；刘福杰等 2010；闫淑珍等 2010，2012；陈小姝等 2011；李明和李玉 2011；Liu & Chang 2014。

褐发网菌融生变种

Stemonitis fusca var. **confluens** Lister, Monogr. Mycetozoa (London) p 110. 1894.

陕西（SN）、安徽（AH）、福建（FJ）、台湾（TW）。

Tolgor et al. 2003a。

褐发网菌原变种

Stemonitis fusca var. **fusca** Roth, in Roemer & Usteri, Mag. Bot. 1 (2): 26. 1787.

黑龙江（HL）、辽宁（LN）、内蒙古（NM）、河北（HEB）、陕西（SN）、甘肃（GS）、青海（QH）、安徽（AH）、江苏（JS）、浙江（ZJ）、湖南（HN）、湖北（HB）、四川（SC）、云南（YN）、西藏（XZ）、福建（FJ）、台湾（TW）、广东（GD）、广西（GX）、海南（HI）。

Tolgor et al. 2003a。

褐发网菌疣孢变种

Stemonitis fusca var. **papillosa** Meyl., Bull. Soc. Vaud. Sci. Nat. 58: 322. 1935.

甘肃（GS）、西藏（XZ）、台湾（TW）。

Liu 1981；Tolgor et al. 2003a；Zhuang 2005；陈双林等 2010；Liu & Chang 2014。

褐发网菌红变种

Stemonitis fusca var. **rufescens** Lister, Monogr. Mycetozoa (London) p 110. 1894.

陕西（SN）、甘肃（GS）、青海（QH）。

Zhuang 2005；闫淑珍等 2010。

草生发网菌

Stemonitis herbatica Peck, Ann. Rep. N.Y. St. Mus. Nat. Hist. 26: 75. 1874 [1873].

黑龙江（HL）、吉林（JL）、辽宁（LN）、内蒙古（NM）、河北（HEB）、北京（BJ）、山西（SX）、山东（SD）、河南（HEN）、陕西（SN）、甘肃（GS）、安徽（AH）、江苏（JS）、湖北（HB）、云南（YN）、福建（FJ）、台湾（TW）、广西

（GX）、海南（HI）；美国、斐济；欧洲、非洲。

Liu 1981；刘宗麟 1982；Li Y & Li HZ 1989；李惠中 1995；Chen et al. 1999；白容霖 2002；陈双林 2002；Tolgor et al. 2003a；杨乐等 2004b；Zhuang 2005；李玉 2007b；陈双林等 2009；陈小姝等 2011；李明和李玉 2011；闫淑珍等 2012；朱鹤等 2013；Liu & Chang 2014。

半网褐发网菌原变种

Stemonitis hyperopta var. **hyperopta** Meyl., Bull. Soc. Vaud. Sci. Nat. 52: 97. 1919 [1918].

台湾（TW）。

Tolgor et al. 2003a。

小褐发网菌

Stemonitis inconspicua Nann.-Bremek., Proc. K. Ned. Akad. Wet., Ser. C, Biol. Med. Sci. 69: 350. 1966. **Type:** Netherlands.

江苏（JS）、贵州（GZ）；荷兰。

徐美琴等 2006；戴群等 2010。

木生发网菌

Stemonitis lignicola Nann.-Bremek., Proc. K. Ned. Akad. Wet., Ser. C, Biol. Med. Sci. 76: 478. 1973. **Type:** Netherlands.

内蒙古（NM）；荷兰。

朱鹤等 2013。

小孢发网菌

Stemonitis microsperma Ing, Trans. Br. Mycol. Soc. 48 (4): 648. 1965.

吉林（JL）、台湾（TW）。

Li Y & Li HZ 1989；杨乐等 2004b。

扁丝发网菌

Stemonitis mussooriensis G.W. Martin, K.S. Thind & Sohi, Mycologia 49 (1): 128. 1957. **Type:** India (Uttarakhand).

台湾（TW）；印度。

Tolgor et al. 2003a；Liu & Chang 2014。

黑发网菌

Stemonitis nigrescens Rex, Proc. Acad. Nat. Sci. Philad. 43 (2): 392. 1891.

Stemonitis fusca var. *nigrescens* (Rex) Torrend, Brotéria, sér. bot. 7: 81. 1908.

黑龙江（HL）、吉林（JL）、内蒙古（NM）、河南（HEN）、陕西（SN）、甘肃（GS）、安徽（AH）、上海（SH）、江西（JX）、西藏（XZ）、福建（FJ）、台湾（TW）、广西（GX）；日本、朝鲜、土耳其、法国、葡萄牙、西班牙、英国、牙买加、美国、澳大利亚。

Liu 1981；黄年来等 1981；刘宗麟 1982；Li Y & Li HZ 1989；Chen 1999；Chen et al. 1999；陈双林 2002；Tolgor et al. 2003a；杨乐等 2004b；李玉 2007b；陈小姝等 2011；

闫淑珍等 2012；Liu & Chang 2014。

灰褐发网菌

Stemonitis pallida Wingate, in Macbride, N. Amer. Slime-Moulds (New York) p 123. 1899.

黑龙江（HL）、吉林（JL）、辽宁（LN）、内蒙古（NM）、山西（SX）、河南（HEN）、陕西（SN）、甘肃（GS）、江苏（JS）、江西（JX）、湖南（HN）、贵州（GZ）、云南（YN）、西藏（XZ）、福建（FJ）、台湾（TW）、广西（GX）、海南（HI）；日本、美国、阿根廷、马来半岛；欧洲。

臧穆 1980；刘宗麟 1982；李宗英和刘德容 1988；Li Y & Li HZ 1989；陈双林等 1994，2010；Chen 1999；Chen et al. 1999；李玉等 2001；Tolgor et al. 2003a；Härkönen et al. 2004b；杨乐等 2004b；徐美琴等 2006；李玉 2007b；戴群等 2010；刘福杰等 2010；陈小姝等 2011；李明和李玉 2011；闫淑珍等 2012；Liu & Chang 2014。

史密斯发网菌

Stemonitis smithii T. Macbr., Bull. Iowa Lab. Nat. Hist. 2: 381. 1893.

Stemonitis axifera var. *smithii* (T. Macbr.) Hagelst., Mycetozoa of North America (New York) p 154. 1944.

黑龙江（HL）、吉林（JL）、辽宁（LN）、内蒙古（NM）、河北（HEB）、北京（BJ）、河南（HEN）、陕西（SN）、甘肃（GS）、安徽（AH）、江西（JX）、湖南（HN）、湖北（HB）、贵州（GZ）、云南（YN）、西藏（XZ）、福建（FJ）、台湾（TW）、广东（GD）、广西（GX）、海南（HI）；印度尼西亚、日本、朝鲜、斯里兰卡、尼加拉瓜、新西兰；欧洲。

臧穆 1980；Liu 1981；刘宗麟 1982；Li Y & Li HZ 1989；陈双林等 1994，2009，2010；Chen et al. 1999；李玉等 2001；陈双林 2002；Tolgor et al. 2003a；Härkönen et al. 2004b；杨乐等 2004b；Zhuang 2005；李玉 2007b；戴群等 2010；陈小姝等 2011；李明和李玉 2011；闫淑珍等 2012；朱鹤等 2013。

美发网菌

Stemonitis splendens Rostaf., Śluzowce Monogr. (Paryz) p 195. 1875 [1874].

黑龙江（HL）、吉林（JL）、辽宁（LN）、内蒙古（NM）、河北（HEB）、北京（BJ）、山西（SX）、山东（SD）、河南（HEN）、陕西（SN）、甘肃（GS）、安徽（AH）、江苏（JS）、浙江（ZJ）、江西（JX）、湖南（HN）、湖北（HB）、四川（SC）、重庆（CQ）、贵州（GZ）、云南（YN）、西藏（XZ）、福建（FJ）、台湾（TW）、广东（GD）、广西（GX）、海南（HI）、香港（HK）；世界广布。

臧穆 1980；Liu 1981，1983；黄年来等 1981；刘宗麟 1982；Li Y & Li HZ 1989；陈双林等 1994，1999a，2010；李惠中 1995；Chen 1999；Chen et al. 1999；陈双林 2002；Härkönen et al. 2004b；杨乐等 2004b；Zhuang 2005；罗国涛等 2006，

2008；李玉 2007b；戴群等 2010；陈小姝等 2011；李明和李玉 2011；闫淑珍等 2012；朱鹤等 2013；Liu & Chang 2014。

美发网菌原变种［新拟］

Stemonitis splendens var. **splendens** Rostaf., Śluzowce Monogr. (Paryz) p 195. 1875 [1874].

黑龙江（HL）、吉林（JL）、辽宁（LN）、内蒙古（NM）、河北（HEB）、河南（HEN）、陕西（SN）、安徽（AH）、江苏（JS）、浙江（ZJ）、湖南（HN）、湖北（HB）、四川（SC）、云南（YN）、福建（FJ）、广东（GD）、广西（GX）、海南（HI）。

Tolgor et al. 2003a。

美发网菌大孔变种

Stemonitis splendens var. **webberi** (Rex) Lister, Monogr. Mycetozoa (London) p 112. 1894.

河南（HEN）、云南（YN）、福建（FJ）、台湾（TW）、广东（GD）、广西（GX）、海南（HI）。

李玉等 2001；Tolgor et al. 2003a，2003b。

寄生发网菌

Stemonitis travancorensis Erady, Kew Bull. (8): 570. 1953. **Type:** India (Kerala).

中国（具体地点不详）；印度。

李惠中 1995。

糙孢发网菌［新拟］

Stemonitis trechispora (Berk. ex Torrend) T. Macbr., N. Amer. Slime-Moulds, Edn 2 (New York) p 159. 1922.

台湾（TW）。

Li Y & Li HZ 1989；Tolgor et al. 2003a。

团孢发网菌

Stemonitis uvifera T. Macbr., N. Amer. Slime-Moulds (New York) p 161. 1922. **Type:** United States (Washington).

云南（YN）、台湾（TW）；美国。

Li Y & Li HZ 1989；Tolgor et al. 2003a；闫淑珍等 2012；Liu & Chang 2014。

小发网菌

Stemonitis virginiensis Rex, Proc. Acad. Nat. Sci. Philad. 43 (2): 391. 1891.

黑龙江（HL）、吉林（JL）、辽宁（LN）、内蒙古（NM）、河北（HEB）、山西（SX）、甘肃（GS）、江苏（JS）、浙江（ZJ）、湖北（HB）、云南（YN）、西藏（XZ）、福建（FJ）、台湾（TW）、广东（GD）、广西（GX）、澳门（MC）；美国；欧洲。

Liu 1981，1983；刘宗麟 1982；Li Y & Li HZ 1989；王琦等 1994；Chung et al. 1997；Chen 1999；陈双林 2002；Tolgor et al. 2003a；杨乐等 2004b；Zhuang 2005；徐美琴等 2006；

李玉 2007b；陈双林等 2009，2010；李明和李玉 2011；闫淑珍等 2012；Liu & Chang 2014。

拟发网菌属

Stemonitopsis (Nann.-Bremek.) Nann.-Bremek., Nederlandse Myxomyceten (Amsterdam) p 203. 1975 [1974].

暗褐拟发网菌［新拟］

Stemonitopsis aequalis (Peck) Y. Yamam., The Myxomycete Biota of Japan (Tokyo) p 625. 1998.
Comatricha aequalis Peck, Ann. Rep. N.Y. St. Mus. Nat. Hist. 31: 42. 1878.

黑龙江（HL）、吉林（JL）、辽宁（LN）、内蒙古（NM）、陕西（SN）、台湾（TW）；日本、摩洛哥、哥斯达黎加、多米尼加、牙买加、美国；欧洲。

Chiang & Liu 1991；Tolgor et al. 2003a，2003b；杨乐等 2004b；李玉 2007b；Liu & Chang 2014。

网孢拟发网菌

Stemonitopsis dictyospora (L.F. Čelak.) Nann.-Bremek. ined., Bremek., Ned. Myxom. 186. 1974.

云南（YN）；以色列、土耳其、意大利、波兰、摩洛哥、加拿大、美国。

李玉 2007b。

细拟发网菌

Stemonitopsis gracilis (Wingate ex G. Lister) Nann.-Bremek., Nederlandse Myxomyceten (Amsterdam) p 21. 1975 [1974].
甘肃（GS）、湖南（HN）、台湾（TW）、香港（HK）。

Härkönen et al. 2004b；Zhuang 2005；陈双林等 2009；闫淑珍等 2012；Liu & Chang 2014。

半网拟发网菌

Stemonitopsis hyperopta (Meyl.) Nann.-Bremek., Nederlandse Myxomyceten (Amsterdam) p 206. 1975 [1974].
Stemonitis hyperopta Meyl., Bull. Soc. Vaud. Sci. Nat. 52: 97. 1919 [1918].

吉林（JL）、湖南（HN）、湖北（HB）、台湾（TW）；日本、英国、美国、新西兰。

Härkönen et al. 2004b；杨乐等 2004b；李玉 2007b；Liu & Chang 2014。

小孢拟发网菌

Stemonitopsis microspora (Lister) Nann.-Bremek., Nederlandse Myxomyceten (Amsterdam) p 208. 1975 [1974].
Stemonitis hyperopta var. *microspora* (Lister) G. Lister, in Lister, Monogr. Mycetozoa, 3rd Ed (London) p 134. 1925.
台湾（TW）。

Tolgor et al. 2003a；Liu & Chang 2014。

网型拟发网菌

Stemonitopsis reticulata (H.C. Gilbert) Nann.-Bremek. & Y. Yamam., in Yamamoto & Nannenga-Bremekamp, Proc. K.

Ned. Akad. Wet., Ser. C, Biol. Med. Sci. 98 (3): 325. 1995.
湖南（HN）、台湾（TW）。

Härkönen et al. 2004b；Liu & Chang 2014。

亚丛拟发网菌

Stemonitopsis subcaespitosa (Peck) Nann.-Bremek., Nederlandse Myxomyceten (Amsterdam) p 211. 1975 [1974].
Stemonitis subcaespitosa (Peck) Massee, Monogr. Myxogastr. (London) p 80. 1892.

黑龙江（HL）、吉林（JL）、辽宁（LN）、内蒙古（NM）、河北（HEB）、甘肃（GS）、台湾（TW）、香港（HK）；日本、土耳其、法国、希腊、意大利、葡萄牙、西班牙、瑞士、英国、摩洛哥、加拿大、哥斯达黎加、美国。

Tolgor et al. 2003a，2003b；杨乐等 2004b；Zhuang 2005；李玉 2007b；陈双林等 2009；潘景芝等 2009；陈小姝等 2011；闫淑珍等 2012；Liu & Chang 2014。

香蒲拟发网菌

Stemonitopsis typhina (F.H. Wigg.) Nann.-Bremek., Nederlandse Myxomyceten (Amsterdam) p 209. 1975 [1974].
Stemonitis typhina F.H. Wigg., Prim. Fl. Holsat. (Kiliae) p 110. 1780.
Comatricha typhoides (Bull.) Rostaf., Vers. Syst. Mycetozoen (Strassburg) p 7. 1873.
Comatricha typhoides var. *typhoides* (Bull.) Rostaf., Vers. Syst. Mycetozoen (Strassburg) p 7. 1873.

黑龙江（HL）、吉林（JL）、辽宁（LN）、内蒙古（NM）、河北（HEB）、山西（SX）、山东（SD）、河南（HEN）、陕西（SN）、甘肃（GS）、青海（QH）、新疆（XJ）、江苏（JS）、湖南（HN）、湖北（HB）、云南（YN）、福建（FJ）、台湾（TW）、广西（GX）、海南（HI）、香港（HK）。

刘宗麟 1982；Li Y & Li HZ 1989；陈双林等 1994，2008，2009；王琦等 1994；Chen 1999；Chen et al. 1999；陈双林 2002；Tolgor et al. 2003a，2003b；Härkönen et al. 2004b；王琦和李玉 2004；杨乐等 2004b；Zhuang 2005；李玉 2007b；潘景芝等 2009；刘福杰等 2010；闫淑珍等 2010，2012；陈小姝等 2011；Liu & Chang 2014。

香蒲拟发网菌模拟变种

Stemonitopsis typhina var. **similis** (G. Lister) Nann.-Bremek. & Y. Yamam., Proc. K. Ned. Akad. Wet., Ser. C, Biol. Med. Sci. 90 (3): 348. 1987.
福建（FJ）、台湾（TW）、广东（GD）、广西（GX）、海南（HI）；日本；欧洲、北美洲。

李玉等 2001；Tolgor et al. 2003a，2003b。

联囊菌属

Symphytocarpus Ing & Nann.-Bremek., Proc. K. Ned. Akad. Wet., Ser. C, Biol. Med. Sci. 70 (2): 204. 1967.

黑毛联囊菌

Symphytocarpus amaurochaetoides Nann.-Bremek., in Ing & Nannenga-Bremekamp, Proc. K. Ned. Akad. Wet., Ser. C,

Biol. Med. Sci. 70: 220. 1967. **Type:** Netherlands.

河南（HEN）、陕西（SN）、甘肃（GS）、台湾（TW）、海南（HI）；日本、法国、荷兰、西班牙、英国、新西兰。

Chen et al. 1999；Zhuang 2005；李玉 2007b；陈双林等 2009；Liu & Chang 2014。

融生联囊菌

Symphytocarpus confluens (Cooke & Ellis) Ing & Nann.-Bremek., Nederlandse Myxomyceten (Amsterdam) p 174. 1975 [1974].

湖北（HB）；日本、法国、德国、英国、阿尔及利亚、美国。

李玉 2007b；陈双林等 2008。

联囊菌

Symphytocarpus flaccidus (Lister) Ing & Nann.-Bremek., Proc. K. Ned. Akad. Wet., Ser. C, Biol. Med. Sci. 70 (2): 217. 1967.

Stemonitis splendens var. *flaccida* Lister, Monogr. Mycetozoa (London) p 112. 1894.

黑龙江（HL）、湖南（HN）、台湾（TW）；日本、巴基斯坦、法国、葡萄牙、西班牙、英国、新西兰。

Tolgor et al. 2003a；Härkönen et al. 2004b；李玉 2007b；Liu & Chang 2014。

长联囊菌［新拟］

Symphytocarpus longus (Peck) Nann.-Bremek., Nederlandse Myxomyceten (Zutphen) p 178. 1975 [1974].

Comatricha longa Peck, Ann. Rep. Reg. N.Y. St. Mus. 43: 70. 1890.

河北（HEB）、北京（BJ）、江苏（JS）、云南（YN）、福建（FJ）、台湾（TW）、海南（HI）。

Liu 1981；Li Y & Li HZ 1989；李惠中 1995。

团毛菌目　Trichiida T. Macbr.

团网菌科　**Arcyriaceae** Rostaf. ex Cooke

团网菌属

Arcyria Hill ex F.H. Wigg., Prim. Fl. Holsat. (Kiliae) p 109. 1780.

大红团网菌

Arcyria affinis Rostaf., Śluzowce Monogr. (Paryz) p 276. 1875 [1874].

吉林（JL）、河南（HEN）、陕西（SN）、甘肃（GS）、云南（YN）、西藏（XZ）、海南（HI）。

Chen et al. 1999；李玉等 2001；Tolgor et al. 2003a；杨乐等 2004b；Zhuang 2005；陈双林等 2009，2010；闫淑珍等 2012。

聚生团网菌

Arcyria aggregata Y. Li, Shuang L. Chen & H.Z. Li,

Mycosystema 6: 108. 1993. **Type:** China (Liaoning).

黑龙江（HL）、吉林（JL）、辽宁（LN）、内蒙古（NM）。

Li et al. 1993a；Tolgor et al. 2003a，2003b；李玉 2007a；李明和李玉 2011。

环丝团网菌

Arcyria annulifera Lister & Torr., Bolm Soc. Portug. Ciênc. Nat. 2: 212. 1909.

吉林（JL）、台湾（TW）；葡萄牙。

Liu 1983；Li Y & Li HZ 1989；Tolgor et al. 2003a；杨乐等 2004a，2004b；李玉 2007a。

小孢垂团网菌［新拟］

Arcyria assamica Agnihothr., J. Indian Bot. Soc. 37: 501. 1958. **Type:** India (Assam).

湖南（HN）、海南（HI）；印度、日本、欧洲、北美洲。

陈双林等 1999a；李玉等 2001；Tolgor et al. 2003a。

褐色团网菌

Arcyria brunnea Nann.-Bremek. & Y. Yamam., Proc. K. Ned. Akad. Wet., Ser. C, Biol. Med. Sci. 89 (2): 219. 1986. **Type:** Japan (Honshu).

西藏（XZ）、福建（FJ）、台湾（TW）、广东（GD）、广西（GX）、海南（HI）；日本。

Chen 1999；陈双林 2002；Tolgor et al. 2003a，2003b；陈双林等 2010。

肉色团网菌

Arcyria carnea Wallr., Fl. Crypt. Germ. (Norimbergae) 2: 383. 1833.

黑龙江（HL）、吉林（JL）、辽宁（LN）、内蒙古（NM）、山东（SD）、江苏（JS）、四川（SC）、福建（FJ）、台湾（TW）、广西（GX）；日本、捷克、德国、罗马尼亚、斯洛伐克、英国、美国。

Liu 1983；Li Y & Li HZ 1989；Tolgor et al. 2003a；杨乐等 2004a，2004b；徐美琴等 2006；李玉 2007a；李明和李玉 2011。

灰团网菌

Arcyria cinerea Fr., Syst. Mycol. (Lundae) 3 (1): 180. 1829.

黑龙江（HL）、吉林（JL）、辽宁（LN）、内蒙古（NM）、河北（HEB）、山西（SX）、山东（SD）、河南（HEN）、陕西（SN）、甘肃（GS）、安徽（AH）、江苏（JS）、浙江（ZJ）、江西（JX）、湖南（HN）、湖北（HB）、四川（SC）、贵州（GZ）、云南（YN）、西藏（XZ）、福建（FJ）、台湾（TW）、广东（GD）、广西（GX）、海南（HI）、香港（HK）。

Liu 1980，1983；臧穆 1980；黄年来等 1981；刘宗麟 1982；Ing 1987；Li Y & Li HZ 1989；Chiang & Liu 1991；陈双林等 1994，1999a，2009，2010；王琦等 1994；陈双林和李玉 1995；李惠中 1995；Chen 1999；Chen et al. 1999；图

力古尔和李玉 2001a；陈双林 2002；Tolgor et al. 2003a；Härkönen et al. 2004a，2004b；王琦和李玉 2004；杨乐等 2004a，2004b；Zhuang 2005；徐美琴等 2006；李玉 2007a；潘景芝等 2009；朱鹤和王琦 2009；戴群等 2010；刘福杰等 2010；陈小姝等 2011；李明和李玉 2011；史立平和李玉 2012；闫淑珍等 2012；朱鹤等 2013。

伞形团网菌 [新拟]

Arcyria corymbosa M.L. Farr & G.W. Martin, Brotéria, N.S. 27 (4): 154. 1958. **Type:** Brazil.

内蒙古（NM）、河北（HEB）、山西（SX）、山东（SD）、河南（HEN）、陕西（SN）；巴西。

Tolgor et al. 2003b。

齿状团网菌 [新拟]

Arcyria dentata Schumach., Enum. Pl. (Kjbenhavn) 2: 213. 1803.

吉林（JL）、台湾（TW）。

Liu 1980；杨乐等 2004a。

暗红团网菌

Arcyria denudata (L.) Wettst., Verh. Zool.-Bot. Ges. Wien 35: 353. 1886.

Arcyria denudata var. *denudata* (L.) Wettst., Verh. Zool.-Bot. Ges. Wien 35: 353. 1886.

黑龙江（HL）、吉林（JL）、辽宁（LN）、内蒙古（NM）、河北（HEB）、山东（SD）、河南（HEN）、陕西（SN）、甘肃（GS）、安徽（AH）、江苏（JS）、浙江（ZJ）、江西（JX）、湖南（HN）、湖北（HB）、四川（SC）、贵州（GZ）、云南（YN）、西藏（XZ）、福建（FJ）、台湾（TW）、广东（GD）、广西（GX）、海南（HI）、香港（HK）；世界广布。

Liu 1980；臧穆 1980；黄年来等 1981；刘宗麟 1982；Li Y & Li HZ 1989；陈双林等 1994，2009，2010；王琦等 1994；Chen et al. 1999；李玉等 2001；图力古尔和李玉 2001a；陈双林 2002；Tolgor et al. 2003a；Härkönen et al. 2004b；杨乐等 2004b；Zhuang 2005；李玉 2007a；潘景芝等 2009；朱鹤和王琦 2009；戴群等 2010；刘福杰等 2010；陈小姝等 2011；李明和李玉 2011；闫淑珍等 2012；朱鹤等 2013。

暗红团网菌大齿变种 [新拟]

Arcyria denudata var. **macrodonta** Q. Wang & Y. Li, J. Jilin Agric. Univ. 17 (4): 85. 1995.

黑龙江（HL）、吉林（JL）、辽宁（LN）、内蒙古（NM）。

Tolgor et al. 2003a，2003b。

弱小团网菌

Arcyria exigua Y. Li, Shuang L. Chen & H.Z. Li, Mycosystema 6: 107. 1993. **Type:** China (Jilin).

黑龙江（HL）、吉林（JL）、辽宁（LN）、内蒙古（NM）。

Li et al. 1993a；Tolgor et al. 2003，2003b；杨乐等 2004a，2004b；李玉 2007a。

锈色团网菌

Arcyria ferruginea Fuckel, Hedwigia 5 (1): 16. 1866.

黑龙江（HL）、吉林（JL）、辽宁（LN）、内蒙古（NM）、河南（HEN）、陕西（SN）、甘肃（GS）、云南（YN）、西藏（XZ）、福建（FJ）；日本、巴基斯坦、南非、新西兰；欧洲。

黄年来等 1981；刘宗麟 1982；Li Y & Li HZ 1989；陈双林等 1994，2010；Chen et al. 1999；Tolgor et al. 2003a；杨乐等 2004a，2004b；Zhuang 2005；李玉 2007a；朱鹤和王琦 2009；李明和李玉 2011；闫淑珍等 2012。

盔盖团网菌

Arcyria galericulata B. Zhang & Yi Li, Mycotaxon 120: 402. 2012. **Type:** China (Jilin).

吉林（JL）。

Zhang et al. 2012。

灰绿团网菌

Arcyria glauca Lister ex Minakata, Bot. Mag., Tokyo 22: 322. 1908.

河北（HEB）、江苏（JS）、福建（FJ）、海南（HI）；日本、英国；南太平洋。

Li Y & Li HZ 1989；李玉等 2001；Tolgor et al. 2003a；李玉 2007a；闫淑珍等 2012。

球圆团网菌

Arcyria globosa Schwein., Schr. Naturf. Ges. Leipzig 1: 64 (38 of repr.). 1822.

辽宁（LN）、安徽（AH）、四川（SC）、台湾（TW）、广西（GX）、香港（HK）；日本、葡萄牙、美国、哥伦比亚；欧洲（中部）。

Liu 1983；Li Y & Li HZ 1989；Chen 1999；陈双林 2002；Tolgor et al. 2003a；李玉 2007a；李明和李玉 2011；闫淑珍等 2012。

瘤丝团网菌

Arcyria gongyloida Q. Wang & Y. Li, Bull. Bot. Res., Harbin 16 (2): 15. 1996.

黑龙江（HL）、吉林（JL）、辽宁（LN）、内蒙古（NM）。

王琦和李玉 1996；Tolgor et al. 2003a，2003b。

瑞士团网菌

Arcyria helvetica (Meyl.) H. Neubert, Nowotny & K. Baumann, Carolinea 47: 43. 1989.

吉林（JL）、辽宁（LN）、内蒙古（NM）；日本、澳大利亚、新西兰；欧洲、北美洲。

Li et al. 1993a；陈双林等 1994；Tolgor et al. 2003a；杨乐等 2004b。

小孢团网菌

Arcyria imperialis (G. Lister) Y. Li & Q. Wang, II Congreso Internacional de Sistemática y Ecología de Myxomycetes, ICSEM2, Madrid, Abril de 1996, Programa Científico, Lista de Participantes, Conferencia Inaugural, Resúmenes de las Ponencias Invitadas, Mesas Redondas, Ponencias Libres y Carteles (Madrid) p 64. 1996.

黑龙江（HL）、吉林（JL）、辽宁（LN）、内蒙古（NM）。

Tolgor et al. 2003a，2003b；李明和李玉 2011。

粉红团网菌

Arcyria incarnata (Pers.) Pers., Observ. Mycol. (Lipsiae) 1: 58. 1796.

黑龙江（HL）、吉林（JL）、辽宁（LN）、内蒙古（NM）、河北（HEB）、河南（HEN）、陕西（SN）、甘肃（GS）、湖北（HB）、云南（YN）、西藏（XZ）、福建（FJ）、台湾（TW）、广东（GD）、广西（GX）、海南（HI）。

Liu 1980；刘宗麟 1982；Li Y & Li HZ 1989；陈双林等 1994，2009，2010；李惠中 1995；Chen 1999；Chen et al. 1999；陈双林 2002；Tolgor et al. 2003a；杨乐等 2004b；Zhuang 2005；李玉 2007a；潘景芝等 2009；陈小姝等 2011；李明和李玉 2011；闫淑珍等 2012。

鲜红团网菌

Arcyria insignis Kalchbr. & Cooke, in Kalchbrenner, Grevillea 10 (no. 56): 143. 1882.

吉林（JL）、辽宁（LN）、内蒙古（NM）、陕西（SN）、湖南（HN）、湖北（HB）、云南（YN）、西藏（XZ）、福建（FJ）、台湾（TW）。

Liu 1980，1983；刘宗麟 1982；Li Y & Li HZ 1989；陈双林等 1994，2010；Tolgor et al. 2003a；Härkönen et al. 2004b；王琦和李玉 2004；杨乐等 2004b；李玉 2007a；刘福杰等 2010；陈小姝等 2011；李明和李玉 2011；闫淑珍等 2012。

螺纹团网菌

Arcyria leiocarpa (Massee) G.W. Martin & Alexop., The Myxomycetes (Iowa) p 131. 1969.

吉林（JL）、辽宁（LN）、安徽（AH）、贵州（GZ）、云南（YN）、台湾（TW）；日本、捷克、斯洛伐克、英国、美国、哥伦比亚。

Li Y & Li HZ 1989；Tolgor et al. 2003a；杨乐等 2004b；李玉 2007a；戴群等 2010；李明和李玉 2011；闫淑珍等 2012。

大垂团网菌[新拟]

Arcyria magna Rex, Proc. Acad. Nat. Sci. Philad. 45 (3): 364. 1893.

吉林（JL）、辽宁（LN）、河北（HEB）、北京（BJ）、云南（YN）、西藏（XZ）；菲律宾、巴拿马、美国。

刘宗麟 1982；Li Y & Li HZ 1989；Tolgor et al. 2003a；杨乐等 2004a，2004b；李玉 2007a；陈双林等 2010；李明和李玉 2011。

大团网菌

Arcyria major (G. Lister) Ing, Trans. Br. Mycol. Soc. 50 (4):

556. 1967.

吉林（JL）、辽宁（LN）、湖南（HN）、云南（YN）、西藏（XZ）、广东（GD）、广西（GX）、海南（HI）、澳门（MC）；日本、英国、美国。

Li Y & Li HZ 1989；陈双林 2002；Tolgor et al. 2003a；Härkönen et al. 2004b；杨乐等 2004b；李玉 2007a；陈双林等 2010；陈小姝等 2011；李明和李玉 2011；闫淑珍等 2012。

波状杯缘团网菌

Arcyria marginoundulata Nann.-Bremek. & Y. Yamam., Proc. K. Ned. Akad. Wet., Ser. C, Biol. Med. Sci. 86 (2): 218. 1983. **Type:** Japan (Honshu).

台湾（TW）；日本。

Liu et al. 2002c。

小团网菌

Arcyria minuta Buchet, in Patouillard, Mém. Acad. Malgache 6: 42. 1928 [1927].

黑龙江（HL）、吉林（JL）、四川（SC）、云南（YN）、福建（FJ）、台湾（TW）、广西（GX）。

Chung & Liu 1997a；Chen 1999；陈双林 2002；Tolgor et al. 2003a；杨乐等 2004b；闫淑珍等 2012。

蓝灰团网菌

Arcyria nigella Emoto, Myxomyc. Japan (Tokyo) p 60 and Pl. 30 (figs. 1-5). 1977. **Type:** Japan.

黑龙江（HL）、吉林（JL）、辽宁（LN）、内蒙古（NM）；日本、美国。

刘宗麟 1982；Li Y & Li HZ 1989；Tolgor et al. 2003a，2003b；杨乐等 2004b；李玉 2007a；潘景芝等 2009。

黄垂团网菌[新拟]

Arcyria nutans (Bull.) Grev., Fl. Edin. p 455. 1824.

吉林（JL）、北京（BJ）、江苏（JS）、湖北（HB）、福建（FJ）、台湾（TW）、广东（GD）、海南（HI）。

Li Y & Li HZ 1989；Tolgor et al. 2003a；杨乐等 2004b；朱鹤和王琦 2009。

黄团网菌

Arcyria obvelata (Oeder) Onsberg, Mycologia 70 (6): 1286. 1979 [1978].

黑龙江（HL）、吉林（JL）、辽宁（LN）、内蒙古（NM）、河北（HEB）、北京（BJ）、河南（HEN）、陕西（SN）、甘肃（GS）、青海（QH）、江苏（JS）、湖北（HB）、西藏（XZ）、福建（FJ）、台湾（TW）、广东（GD）、海南（HI）。

陈双林等 1994，2010；王琦等 1994；Chen et al. 1999；Tolgor et al. 2003a；杨乐等 2004b；Zhuang 2005；李玉 2007a；刘福杰等 2010；陈小姝等 2011；李明和李玉 2011；闫淑珍等 2012；朱鹤等 2013。

异型团网菌

Arcyria occidentalis (T. Macbr.) G. Lister, Monogr. Mycetozoa, Edn 2 (London) p 245. 1911.

黑龙江（HL）、吉林（JL）、辽宁（LN）、内蒙古（NM）、河北（HEB）、湖北（HB）；日本、巴基斯坦、美国、巴西。

刘宗麟 1982；Li Y & Li HZ 1989；Tolgor et al. 2003a；杨乐等 2004b；李玉 2007a；李明和李玉 2011；朱鹤等 2013。

红垂团网菌

Arcyria oerstedii Rostaf., Śluzowce Monogr. (Paryz) p 278. 1875 [1874].

黑龙江（HL）、吉林（JL）、辽宁（LN）、陕西（SN）、新疆（XJ）、湖北（HB）、贵州（GZ）、福建（FJ）。

Li Y & Li HZ 1989；Tolgor et al. 2003a；Zhuang 2005；戴群等 2010；刘福杰等 2010；李明和李玉 2011。

暗红垂团网菌

Arcyria oerstedtioides Flatau & Schirmer, Z. Mykol. 49 (2): 179. 1983. **Type:** Germany.

黑龙江（HL）、吉林（JL）、新疆（XJ）、西藏（XZ）、福建（FJ）；德国。

Tolgor et al. 2003a；杨乐等 2004b；陈双林等 2010。

果形团网菌

Arcyria pomiformis (Leers) Rostaf., Śluzowce Monogr. (Paryz) p 271. 1875 [1874].

黑龙江（HL）、吉林（JL）、辽宁（LN）、内蒙古（NM）、安徽（AH）、江苏（JS）、湖南（HN）、贵州（GZ）、云南（YN）、西藏（XZ）、福建（FJ）、台湾（TW）；日本、巴基斯坦、南非、美国；欧洲。

臧穆 1980；刘宗麟 1982；Li Y & Li HZ 1989；Chiang & Liu 1991；陈双林等 1994；王琦等 1994；Tolgor et al. 2003a；Härkönen et al. 2004b；杨乐等 2004b；徐美琴等 2006；李玉 2007a；潘景芝等 2009；戴群等 2010；李明和李玉 2011；闫淑珍等 2012；朱鹤等 2013。

朦纹团网菌

Arcyria stipata (Schwein.) Lister, Monogr. Mycetozoa (London) p 189. 1894.

吉林（JL）、辽宁（LN）、内蒙古（NM）、河北（HEB）、北京（BJ）、湖北（HB）、西藏（XZ）；塞拉利昂、美国；欧洲、大洋洲。

刘宗麟 1982；Li Y & Li HZ 1989；陈双林等 1994，2010；图力古尔和李玉 2001a，2001b；Tolgor et al. 2003a；杨乐等 2004b；李玉 2007a；李明和李玉 2011。

青黄团网菌

Arcyria versicolor W. Phillips, Grevillea 5 (no. 35): 115. 1877.

辽宁（LN）、内蒙古（NM）、河南（HEN）、陕西（SN）、甘肃（GS）、云南（YN）、西藏（XZ）；日本、美国；欧洲。

陈双林等 1994，2010；Chen et al. 1999；Tolgor et al. 2003a；李玉 2007a；李明和李玉 2011。

绿团网菌

Arcyria virescens G. Lister, J. Bot., Lond. 59: 252. 1921.

吉林（JL）、北京（BJ）、云南（YN）、福建（FJ）；马来西亚、澳大利亚。

Li Y & Li HZ 1989；Tolgor et al. 2003a；杨乐等 2004b；李玉 2007a；闫淑珍等 2012。

实线菌科 Dianemataceae T. Macbr.

纹丝菌属

Calomyxa Nieuwl., Am. Midl. Nat. 4: 335. 1916.

纹丝菌

Calomyxa metallica (Berk.) Nieuwl., Am. Midl. Nat. 4: 335. 1916.

辽宁（LN）、河南（HEN）、陕西（SN）、甘肃（GS）、青海（QH）、江苏（JS）、台湾（TW）、香港（HK）；印度、日本、菲律宾、牙买加、美国、智利；欧洲。

Liu 1983；Li Y & Li HZ 1989；Chen et al. 1999；Tolgor et al. 2003a；徐美琴等 2006；李玉 2007a；闫淑珍等 2010，2012；李明和李玉 2011。

散丝菌属

Dianema Rex, Proc. Acad. Nat. Sci. Philad. 43 (2): 397. 1891.

大孢散丝菌

Dianema macrosporum B. Zhang & Y. Li, Sydowia 65 (1): 22. 2013. **Type:** China (Liaoning).

辽宁（LN）。

Zhang & Li 2013b。

小囊散丝菌

Dianema microsporangium H.Z. Li & Y. Li, Mycosystema 3: 89. 1990. **Type:** China (Fujian).

福建（FJ）、台湾（TW）、广东（GD）、广西（GX）、海南（HI）。

Li HZ & Li Y 1990；Li et al. 1990；Tolgor et al. 2003a，2003b；李玉 2007a。

团毛菌科 Trichiaceae Chevall.

被网菌属

Arcyodes O.F. Cook, Science, N.Y. 15: 651. 1902.

被网菌

Arcyodes incarnata (Alb. & Schwein.) O.F. Cook, Science, N.Y. 15: 651. 1902.

云南（YN）。

Zhang & Li 2012a。

半网菌属

Hemitrichia Rostaf., Vers. Syst. Mycetozoen (Strassburg) p 14. 1873.

橙黄半网菌

Hemitrichia abietina (Wigand) G. Lister, Monogr. Mycetozoa, Edn 2 (London) p 227. 1911.

Arcyria abietina (Wigand) Nann.-Bremek., Proc. K. Ned. Akad. Wet. 88 (1): 128. 1985.

辽宁（LN）、河南（HEN）、陕西（SN）、甘肃（GS）、台湾（TW）；日本；欧洲。

Chen et al. 1999；Tolgor et al. 2003a；Zhuang 2005；李玉 2007a；陈双林等 2009；李明和李玉 2011。

细柄半网菌

Hemitrichia calyculata (Speg.) M.L. Farr, Mycologia 66 (5): 887. 1974.

Hemitrichia clavata var. *calyculata* (Speg.) Y. Yamam., in Yamamoto, Hagiwara & Sultana, Cryptogamic Flora of Pakistan, Vol. 2 (Tokyo) p 28. 1993.

黑龙江（HL）、吉林（JL）、辽宁（LN）、河北（HEB）、山西（SX）、山东（SD）、河南（HEN）、陕西（SN）、甘肃（GS）、新疆（XJ）、湖南（HN）、湖北（HB）、贵州（GZ）、云南（YN）、福建（FJ）、台湾（TW）、广东（GD）、广西（GX）、香港（HK）。

黄年来等 1981；刘宗麟 1982；Li Y & Li HZ 1989；王琦等 1994；Chen 1999；Chen et al. 1999；陈双林等 1999a，2009；陈双林 2002；Tolgor et al. 2003a；杨乐等 2004b；Zhuang 2005；李玉 2007a；潘景芝等 2009；戴群等 2010；刘福杰等 2010；陈小姝等 2011；李明和李玉 2011；闫淑珍等 2012；盖玉红等 2013。

金孢半网菌

Hemitrichia chrysospora (Lister) Lister, Monogr. Mycetozoa (London) p 180. 1894.

辽宁（LN）、安徽（AH）、浙江（ZJ）；欧洲。

Li Y & Li HZ 1989；Tolgor et al. 2003a；李玉 2007a。

棒形半网菌

Hemitrichia clavata (Pers.) Rostaf., Vers. Syst. Mycetozoen (Strassburg) p 14. 1873.

Hemitrichia clavata var. *clavata* (Pers.) Rostaf., Vers. Syst. Mycetozoen (Strassburg) p 14. 1873.

Hemiarcyria clavata (Pers.) Rostaf., Śluzowce Monogr. (Paryz) p 264. 1875 [1874].

黑龙江（HL）、吉林（JL）、辽宁（LN）、内蒙古（NM）、河北（HEB）、河南（HEN）、陕西（SN）、甘肃（GS）、青海（QH）、安徽（AH）、江苏（JS）、浙江（ZJ）、湖南（HN）、湖北（HB）、四川（SC）、云南（YN）、福建（FJ）、台湾

（TW）、广西（GX）、海南（HI）；世界广布。

刘宗麟 1982；Li Y & Li HZ 1989；陈双林等 1994，2009；王琦等 1994；Chen et al. 1999；李玉等 2001；图力古尔和李玉 2001a；陈双林 2002；Tolgor et al. 2003a；王琦和李玉 2004；杨乐等 2004b；Zhuang 2005；李玉 2007a；闫淑珍等 2010，2012；陈小姝等 2011；李明和李玉 2011；朱鹤等 2013。

叉纹半网菌

Hemitrichia furcispiralis Q. Wang, Y. Li & H.Z. Li, Mycosystema 8-9: 177. 1996 [1995-1996]. **Type:** China (Heilongjiang).

黑龙江（HL）、吉林（JL）、辽宁（LN）、内蒙古（NM）。

Wang & Li 1995；Tolgor et al. 2003a，2003b；李玉 2007a。

异孢半网菌

Hemitrichia heterospora Q. Wang & Y. Li, Bull. Bot. Res., Harbin 15 (4): 444. 1995.

黑龙江（HL）、吉林（JL）、辽宁（LN）、内蒙古（NM）。

王琦和李玉 1995；Tolgor et al. 2003a，2003b；李玉 2007a。

小孢半网菌

Hemitrichia imperialis G. Lister, Trans. Br. Mycol. Soc. 14 (3-4): 226. 1929.

吉林（JL）、辽宁（LN）、河北（HEB）、北京（BJ）。

刘宗麟 1982；Li Y & Li HZ 1989；Tolgor et al. 2003a；杨乐等 2004b。

绞丝半网菌

Hemitrichia intorta (Lister) Lister, Monogr. Mycetozoa (London) p 176. 1894.

黑龙江（HL）、吉林（JL）、辽宁（LN）、内蒙古（NM）；日本、斯里兰卡、荷兰、英国；美洲。

Li et al. 1993a；Tolgor et al. 2003a，2003b；杨乐等 2004a，2004b；李玉 2007a。

光孢半网菌

Hemitrichia leiocarpa (Massee) Lister, Monogr. Mycetozoa (London) p 544. 1894.

安徽（AH）、台湾（TW）。

Tolgor et al. 2003a。

蜡黄半网菌

Hemitrichia mellea Nann.-Bremek. & Loer., Proc. K. Ned. Akad. Wet., Ser. C, Biol. Med. Sci. 84 (2): 235. 1981. **Type:** Honduras.

黑龙江（HL）、吉林（JL）、辽宁（LN）、内蒙古（NM）；洪都拉斯。

Tolgor et al. 2003a，2003b。

小半网菌

Hemitrichia minor G. Lister, J. Bot., Lond. 49: 62. 1911.

Type: Japan (Honshu).
Perichaena minor (G. Lister) Hagelst., Mycologia 35 (1): 130. 1943.
吉林（JL）、江苏（JS）、贵州（GZ）、云南（YN）、西藏（XZ）、台湾（TW）、香港（HK）、澳门（MC）；日本、菲律宾、英国、加拿大、巴拿马、美国；亚洲、欧洲。
刘宗麟 1982；Ing 1987；Li Y & Li HZ 1989；王琦等 2000；Tolgor et al. 2003a；杨乐等 2004a，2004b；徐美琴等 2006；李玉 2007a；陈双林等 2010；戴群等 2010；闫淑珍等 2012。

蛇形半网菌

Hemitrichia serpula (Scop.) Rostaf., Vers. Syst. Mycetozoen (Strassburg) p 14. 1873.
黑龙江（HL）、吉林（JL）、辽宁（LN）、内蒙古（NM）、河北（HEB）、北京（BJ）、山西（SX）、山东（SD）、河南（HEN）、陕西（SN）、甘肃（GS）、安徽（AH）、江苏（JS）、浙江（ZJ）、湖南（HN）、湖北（HB）、贵州（GZ）、云南（YN）、西藏（XZ）、福建（FJ）、台湾（TW）、广东（GD）、广西（GX）、海南（HI）、香港（HK）。
Liu 1980；黄年来等 1981；刘宗麟 1982；Li Y & Li HZ 1989；王琦等 1994；Chen 1999；Chen et al. 1999；陈双林等 1999a，2009，2010；陈双林 2002；Tolgor et al. 2003a；王琦和李玉 2004；杨乐等 2004b；Zhuang 2005；李玉 2007a；潘景芝等 2009；戴群等 2010；刘福杰等 2010；陈小姝等 2011；李明和李玉 2011；闫淑珍等 2012；朱鹤等 2013。

绒毛半网菌［新拟］

Hemitrichia velutina Nann.-Bremek. & Y. Yamam., Proc. K. Ned. Akad. Wet., Ser. C, Biol. Med. Sci. 89 (2): 233. 1986.
Type: Japan (Honshu).
台湾（TW）；日本。
Liu et al. 2002c。

变毛菌属

Metatrichia Ing, Trans. Br. Mycol. Soc. 47 (1): 51. 1964.

紫褐变毛菌

Metatrichia floriformis (Schwein.) Nann.-Bremek., Proc. K. Ned. Akad. Wet., Ser. C, Biol. Med. Sci. 88 (1): 127. 1985.
吉林（JL）、内蒙古（NM）、台湾（TW）、海南（HI）；美国、智利、澳大利亚、新西兰；欧洲。
陈双林等 1994；李玉等 2001；Tolgor et al. 2003a；杨乐等 2004b；李玉 2007a；闫淑珍等 2012。

变毛菌

Metatrichia horrida Ing, Trans. Br. Mycol. Soc. 47 (1): 51. 1964. **Type:** Nigeria.
黑龙江（HL）、吉林（JL）、辽宁（LN）、内蒙古（NM）；尼日利亚。

Tolgor et al. 2003a，2003b；杨乐等 2004b。

暗红变毛菌

Metatrichia vesparium (Batsch) Nann.-Bremek., Proc. K. Ned. Akad. Wet., Ser. C, Biol. Med. Sci. 69: 348. 1966.
Hemitrichia vesparium (Batsch) T. Macbr., N. Amer. Slime-Moulds (New York) p 203. 1899.
黑龙江（HL）、吉林（JL）、辽宁（LN）、内蒙古（NM）、河北（HEB）、河南（HEN）、陕西（SN）、甘肃（GS）、青海（QH）、江苏（JS）、湖北（HB）、贵州（GZ）、云南（YN）、西藏（XZ）、福建（FJ）、台湾（TW）、海南（HI）；世界广布。
Liu 1980；刘宗麟 1982；Li Y & Li HZ 1989；陈双林等 1994，2009，2010；Chen et al. 1999；图力古尔和李玉 2001a；Tolgor et al. 2003a；杨乐等 2004a，2004b；Zhuang 2005；李玉 2007a；潘景芝等 2009；朱鹤和王琦 2009；戴群等 2010；闫淑珍等 2010；陈小姝等 2011；李明和李玉 2011。

贫丝菌属

Oligonema Rostaf., Pamietn. Towarz. Nauk Sci. Paryzu 6 (1): 291. 1875.

胀丝贫丝菌

Oligonema oedonema Y. Li, Shuang L. Chen & H.Z. Li, Mycosystema 5: 171. 1992. **Type:** China (Jilin).
黑龙江（HL）、吉林（JL）、辽宁（LN）、内蒙古（NM）。
Li et al. 1992b；Tolgor et al. 2003a，2003b；杨乐等 2004a，2004b；李玉 2007a。

盖碗菌属

Perichaena Fr., Symb. Gasteromyc. (Lund) 1: 11. 1817.

金孢盖碗菌

Perichaena chrysosperma (Curr.) Lister, Monogr. Mycetozoa (London) p 196. 1894.
吉林（JL）、山西（SX）、陕西（SN）、江苏（JS）、湖南（HN）、福建（FJ）、台湾（TW）、广西（GX）、香港（HK）、澳门（MC）；世界广布。
刘宗麟 1982；Liu 1983；Li Y & Li HZ 1989；陈双林和李玉 1995；袁海滨和陈双林 1996；Chen 1999；王琦等 2000；陈双林 2002；Tolgor et al. 2003a；Härkönen et al. 2004a，2004b；杨乐等 2004a，2004b；徐美琴等 2006；李玉 2007a；潘景芝等 2009；刘福杰等 2010；陈小姝等 2011；闫淑珍等 2012。

盖碗菌

Perichaena corticalis (Batsch) Rostaf., Śluzowce Monogr. (Paryz) p 293. 1875 [1874].
Perichaena corticalis var. *corticalis* (Batsch) Rostaf., Śluzowce Monogr. (Paryz) p 293. 1875 [1874].
吉林（JL）、河南（HEN）、陕西（SN）、甘肃（GS）、江苏（JS）、湖南（HN）、云南（YN）、台湾（TW）、广西（GX）；

世界广布。

刘宗麟 1982；Liu 1983；Li Y & Li HZ 1989；Chung & Liu 1997a；Chen 1999；Chen et al. 1999；王琦等 2000；陈双林 2002；Tolgor et al. 2003a；Härkönen et al. 2004b；杨乐等 2004a，2004b；Zhuang 2005；徐美琴等 2006；李玉 2007a；陈双林等 2009；闫淑珍等 2012。

扁盖碗菌
Perichaena depressa Lib., Pl. Crypt. Arduenna, Fasc. (Liège) 4: no. 378. 1837.

黑龙江（HL）、吉林（JL）、辽宁（LN）、河北（HEB）、山西（SX）、山东（SD）、湖南（HN）、湖北（HB）、贵州（GZ）、云南（YN）、福建（FJ）、台湾（TW）、广西（GX）；世界广布。

刘宗麟 1982；Li Y & Li HZ 1989；Chen 1999；王琦等 2000；陈双林 2002；Tolgor et al. 2003a；Härkönen et al. 2004a，2004b；杨乐等 2004a，2004b；李玉 2007a；戴群等 2010；陈小姝等 2011；闫淑珍等 2012。

片丝盖碗菌
Perichaena frustrifilaris Q. Wang, Y. Li & J.K. Bai, Mycosystema 19 (2): 163. 2000. **Type:** China (Jilin).

黑龙江（HL）、吉林（JL）、辽宁（LN）、内蒙古（NM）；世界广布。

王琦等 2000；Tolgor et al. 2003a，2003b；杨乐等 2004a，2004b；李玉 2007a。

灰盖碗菌
Perichaena grisea Q. Wang, Y. Li & J.K. Bai, Mycosystema 19 (2): 163. 2000. **Type:** China (Shaanxi).

内蒙古（NM）、河北（HEB）、山西（SX）、山东（SD）、河南（HEN）、陕西（SN）；世界广布。

王琦等 2000；Tolgor et al. 2003a，2003b；李玉 2007a。

里世奥盖碗菌［新拟］
Perichaena liceoides Rostaf., Śluzowce Monogr. (Paryz) p 295. 1875 [1874].
Perichaena corticalis var. *liceoides* (Rostaf.) G. Lister, in Lister, Monogr. Mycetozoa, Edn 2 (London) p 251. 1911.
台湾（TW）。

Tolgor et al. 2003a。

膜盖碗菌
Perichaena membranacea Y. Li, Q. Wang & H.Z. Li, in Li, Li, Wang & Chen, Mycosystema 3: 93. 1990. **Type:** China (Liaoning).

黑龙江（HL）、吉林（JL）、辽宁（LN）、内蒙古（NM）。
Li et al. 1990；王琦等 2000；Tolgor et al. 2003a，2003b；李玉 2007a。

柄盖碗菌
Perichaena pedata (Lister & G. Lister) G. Lister, J. Bot., Lond.

75: 326. 1937.
湖南（HN）。
Härkönen et al. 2004b。

洞丝盖碗菌
Perichaena poronema Y. Li & H.Z. Li, in Li, Li, Wang & Chen, Mycosystema 3: 95. 1990. **Type:** China (Yunnan).
云南（YN）。
Li et al. 1990；王琦等 2000；Tolgor et al. 2003a；李玉 2007a；闫淑珍等 2012。

四方盖碗菌
Perichaena quadrata T. Macbr., N. Amer. Slime-Moulds (New York) p 184. 1899.
黑龙江（HL）、吉林（JL）、辽宁（LN）、内蒙古（NM）、云南（YN）；世界广布。
王琦等 2000；Tolgor et al. 2003a，2003b；杨乐等 2004b；李玉 2007a。

曲线盖碗菌
Perichaena vermicularis (Schwein.) Rostaf., Gewächse des Fichtelgebirg's p 34. 1876.
吉林（JL）、云南（YN）、福建（FJ）、台湾（TW）、广西（GX）；世界广布。
刘宗麟 1982；Li Y & Li HZ 1989；Chen 1999；王琦等 2000；Liu et al. 2002c；Tolgor et al. 2003a；杨乐等 2004b；李玉 2007a；闫淑珍等 2012。

团毛菌属
Trichia Haller, Hist. Stirp. Helv. 3: 206. 1768.

光丝团毛菌
Trichia affinis de Bary, Śluzowce Monogr. (Paryz) p 257. 1875 [1874].
黑龙江（HL）、吉林（JL）、青海（QH）、江苏（JS）、湖南（HN）、云南（YN）、台湾（TW）。
陈双林等 1999a；Tolgor et al. 2003a；Härkönen et al. 2004b；杨乐等 2004b；Zhuang 2005；闫淑珍等 2010。

栗褐团毛菌原变种［新拟］
Trichia botrytis var. **botrytis** (Pers.) Pers., Neues Mag. Bot. 1: 89. 1794.
Trichia botrytis (Pers.) Pers., Neues Mag. Bot. 1: 89. 1794.
Trichia botrytis f. *botrytis* (Pers.) Pers., Neues Mag. Bot. 1: 89. 1794.
黑龙江（HL）、吉林（JL）、辽宁（LN）、内蒙古（NM）、安徽（AH）、湖南（HN）、湖北（HB）、四川（SC）、云南（YN）、福建（FJ）、台湾（TW）、广西（GX）；印度、日本、巴基斯坦。
刘宗麟 1982；Li Y & Li HZ 1989；Chiang & Liu 1991；陈

双林等 1994；Chen 1999；陈双林 2002；Tolgor et al. 2003a；Härkönen et al. 2004b；杨乐等 2004b；李玉 2007a；陈小姝等 2011；李明和李玉 2011；闫淑珍等 2012。

栗褐团毛菌苔藓变种

Trichia botrytis var. **cerifera** G. Lister, J. Bot., Lond. 53: 211. 1915.

吉林（JL）、安徽（AH）、四川（SC）、福建（FJ）、台湾（TW）。

Tolgor et al. 2003a；杨乐等 2004b。

短毛团毛菌［新拟］

Trichia brevicapillata Sizova, Titova & Darakov, Nov. Sist. Niz. Rast. 20: 121. 1983. **Type:** Russia.

黑龙江（HL）、吉林（JL）、辽宁（LN）、内蒙古（NM）；俄罗斯。

Tolgor et al. 2003b。

朦纹团毛菌

Trichia contorta G.H. Otth, Mitt. Naturf. Ges. Bern p 62. 1869 [1868].

黑龙江（HL）、吉林（JL）、内蒙古（NM）、山东（SD）、河南（HEN）、陕西（SN）、甘肃（GS）、青海（QH）、新疆（XJ）、贵州（GZ）、云南（YN）、台湾（TW）；日本、美国；欧洲。

刘宗麟 1982；Li Y & Li HZ 1989；陈双林等 1994，2009；Chen et al. 1999；Tolgor et al. 2003a；杨乐等 2004b；Zhuang 2005；李玉 2007a；闫淑珍等 2010，2012。

朦纹团毛菌原变型

Trichia contorta f. **contorta** G.H. Otth, Mitt. Naturf. Ges. Bern p 62. 1869 [1868].

黑龙江（HL）、吉林（JL）、内蒙古（NM）、陕西（SN）、甘肃（GS）、青海（QH）、新疆（XJ）、台湾（TW）。

Tolgor et al. 2003a。

朦纹团毛菌卡斯特尼变种

Trichia contorta var. **karstenii** (Rostaf.) Ing, Trans. Br. Mycol. Soc. 48 (4): 647. 1965.

Hemitrichia karstenii (Rostaf.) Lister, Monogr. Mycetozoa (London) p 178. 1894.

安徽（AH）、台湾（TW）。

Liu 1983；Li Y & Li HZ 1989；Tolgor et al. 2003a。

齿孢团毛菌

Trichia crenulata (Meyl.) Meyl., Bull. Soc. Vaud. Sci. Nat. 57: 47. 1929.

西藏（XZ）。

陈双林等 2010。

长尖团毛菌原变种［新拟］

Trichia decipiens var. **decipiens** (Pers.) T. Macbr., N. Amer. Slime-Moulds (New York) p 218. 1899.

Trichia decipiens (Pers.) T. Macbr., N. Amer. Slime-Moulds (New York) p 218. 1899.

黑龙江（HL）、吉林（JL）、辽宁（LN）、内蒙古（NM）、河北（HEB）、湖北（HB）、四川（SC）、云南（YN）、西藏（XZ）、福建（FJ）、台湾（TW）、广西（GX）。

刘宗麟 1982；Li Y & Li HZ 1989；陈双林等 1994，2010；王琦等 1994；图力古尔和李玉 2001b；陈双林 2002；Tolgor et al. 2003a；杨乐等 2004b；李玉 2007a；潘景芝等 2009；陈小姝等 2011；李明和李玉 2011；闫淑珍等 2012。

畸形团毛菌［新拟］

Trichia deformis Y. Li & Q. Wang, II Congreso Internacional de Sistemática y Ecología de Myxomycetes, ICSEM2, Madrid, Abril de 1996, Programa Científico, Lista de Participantes, Conferencia Inaugural, Resúmenes de las Ponencias Invitadas, Mesas Redondas, Ponencias Libres y Carteles (Madrid) p 64. 1996. **Type:** China (Jilin).

黑龙江（HL）、吉林（JL）。

Tolgor et al. 2003a。

直立团毛菌

Trichia erecta Rex, Proc. Acad. Nat. Sci. Philad. 42: 193. 1890.

黑龙江（HL）、内蒙古（NM）、台湾（TW）；日本、美国；欧洲。

陈双林等 1994；Tolgor et al. 2003a；李玉 2007a。

深格团毛菌

Trichia favoginea (Batsch) Pers., Neues Mag. Bot. 1: 90. 1794.

黑龙江（HL）、吉林（JL）、辽宁（LN）、内蒙古（NM）、河北（HEB）、河南（HEN）、陕西（SN）、甘肃（GS）、安徽（AH）、湖南（HN）、贵州（GZ）、云南（YN）、西藏（XZ）、台湾（TW）、广西（GX）、海南（HI）。

Liu 1980；刘宗麟 1982；Li Y & Li HZ 1989；陈双林等 1994，2009，2010；王琦等 1994；Chen 1999；Chen et al. 1999；李玉等 2001；图力古尔和李玉 2001a；陈双林 2002；Tolgor et al. 2003a；Härkönen et al. 2004b；杨乐等 2004b；Zhuang 2005；李玉 2007a；朱鹤和王琦 2009；戴群等 2010；李明和李玉 2011。

紫褐团毛菌

Trichia floriformis (Schwein.) G. Lister, J. Bot., Lond. 52: 110. 1919.

吉林（JL）、辽宁（LN）、内蒙古（NM）、台湾（TW）。

刘宗麟 1982；Li Y & Li HZ 1989；Tolgor et al. 2003a；杨

乐等 2004b；朱鹤和王琦 2009。

异丝团毛菌

Trichia heteroelaterum H.Z. Li & Y. Li, in Li, Li & Wang, Mycosystema 2: 241. 1989. **Type:** China (Hubei).

内蒙古（NM）、湖北（HB）。

李玉等 1989；陈双林等 1994；Tolgor et al. 2003a；李玉 2007a。

惠中团毛菌［新拟］

Trichia huizhongii Chao H. Chung & S.S. Tzean, Mycotaxon 74 (2): 483. 2000.

Trichia ramosa Y. Li & H.Z. Li, in Li, Li & Wang, Mycosystema 5: 175. 1992.

河北（HEB）。

Li et al. 1992a；Tolgor et al. 2003a；李玉 2007a。

弯尖团毛菌

Trichia lutescens (Lister) Lister, J. Bot., Lond. 35: 216. 1897.

吉林（JL）、辽宁（LN）、内蒙古（NM）、河北（HEB）、湖南（HN）、贵州（GZ）、西藏（XZ）；墨西哥、美国；欧洲。

刘宗麟 1982；Li Y & Li HZ 1989；陈双林等 1994，2010；图力古尔和李玉 2001a；Tolgor et al. 2003a；Härkönen et al. 2004b；杨乐等 2004b；李玉 2007a；戴群等 2010；陈小姝等 2011；李明和李玉 2011。

小孢团毛菌

Trichia microspora Y. Li & Q. Wang, in Li, Li & Wang, Mycosystema 2: 245. 1989. **Type:** China (Sichuan).

四川（SC）。

Tolgor et al. 2003a；李玉 2007a。

洁丽团毛菌

Trichia munda (Lister) Meyl., Bull. Soc. Vaud. Sci. Nat. 57: 46. 1929.

湖南（HN）、台湾（TW）；日本、葡萄牙、西班牙、英国、澳大利亚。

Liu et al. 2002b；Härkönen et al. 2004b；闫淑珍等 2012。

叉尖团毛菌

Trichia persimilis P. Karst., Not. Sällsk. Fauna et Fl. Fenn. Förh. 9: 353. 1868.

黑龙江（HL）、吉林（JL）、辽宁（LN）、内蒙古（NM）、青海（QH）、江苏（JS）、湖南（HN）。

Tolgor et al. 2003a，2003b；Härkönen et al. 2004b；杨乐等 2004b；李玉 2007a；闫淑珍等 2010；李明和李玉 2011。

刺丝团毛菌

Trichia scabra Rostaf., Śluzowce Monogr. (Paryz) p 258. 1875 [1874]. **Type:** Great Britain.

吉林（JL）、辽宁（LN）、内蒙古（NM）、山东（SD）、河南（HEN）、陕西（SN）、甘肃（GS）、青海（QH）、湖

（HN）、湖北（HB）、云南（YN）、福建（FJ）、台湾（TW）；英国。

刘宗麟 1982；Li Y & Li HZ 1989；陈双林等 1994；Chen et al. 1999；图力古尔和李玉 2001a；Tolgor et al. 2003a；Härkönen et al. 2004b；杨乐等 2004b；Zhuang 2005；李玉 2007a；潘景芝等 2009；闫淑珍等 2010；李明和李玉 2011。

亚栗褐团毛菌

Trichia subfusca Rex, Proc. Acad. Nat. Sci. Philad. 42: 192. 1890.

黑龙江（HL）、吉林（JL）、辽宁（LN）、内蒙古（NM）、湖南（HN）、云南（YN）；巴基斯坦、瑞典、瑞士、英国、美国。

刘宗麟 1982；Li Y & Li HZ 1989；陈双林等 1994；Tolgor et al. 2003a；Härkönen et al. 2004a，2004b；王琦和李玉 2004；杨乐等 2004b；李玉 2007a；李明和李玉 2011。

近网孢团毛菌［新拟］

Trichia subretispora T.N. Lakh. & Mukerji, Kavaka 7: 61. 1980 [1979]. **Type:** India (Himachal Pradesh).

湖南（HN）；印度。

Härkönen et al. 2004b。

螺纹团毛菌

Trichia torispiralis Q. Wang & Y. Li, in Li & Wang, II Congreso Internacional de Sistemática y Ecología de Myxomycetes, ICSEM2, Madrid, Abril de 1996, Programa Científico, Lista de Participantes, Conferencia Inaugural, Resúmenes de las Ponencias Invitadas, Mesas Redondas, Ponencias Libres y Carteles (Madrid) p 64. 1996. **Type:** China (Jilin).

黑龙江（HL）、吉林（JL）、辽宁（LN）、内蒙古（NM）。

Tolgor et al. 2003a，2003b；杨乐等 2004a；杨乐等 2004b。

环壁团毛菌

Trichia varia (Pers.) Pers., Neues Mag. Bot. 1: 90. 1794.

黑龙江（HL）、吉林（JL）、辽宁（LN）、内蒙古（NM）、河北（HEB）、山西（SX）、河南（HEN）、陕西（SN）、甘肃（GS）、青海（QH）、湖南（HN）、贵州（GZ）、西藏（XZ）、福建（FJ）。

刘宗麟 1982；Li Y & Li HZ 1989；陈双林等 1994，2010；Chen et al. 1999；图力古尔和李玉 2001a；Tolgor et al. 2003a；Härkönen et al. 2004b；杨乐等 2004b；李玉 2007a；朱鹤和王琦 2009；戴群等 2010；闫淑珍等 2010；陈小姝等 2011；李明和李玉 2011。

疣壁团毛菌

Trichia verrucosa Berk., in Hooker, Bot. Antarct. Voy., III, Fl. Tasman. 2: 269. 1859 [1860]. **Type:** Australia (Tasmania).

黑龙江（HL）、云南（YN）、台湾（TW）、海南（HI）；

葡萄牙、南非、多米尼加、牙买加、墨西哥、美国、澳大利亚。

Li Y & Li HZ 1989; Tolgor et al. 2003a; 李玉 2007a; 闫淑珍等 2012。

霜霉纲 Peronosporea anon.

白锈菌目 Albuginales F.A. Wolf & F.T. Wolf

白锈菌科 Albuginaceae J. Schröt.

白锈菌属

Albugo (Pers.) Roussel, Nat. Arr. Brit. Pl. (London) 1: 47. 1806.

牛膝白锈菌

Albugo achyranthis (Henn.) Miyabe, in Ito & Tokunaga, Trans. Sapporo Nat. Hist. Soc. 14 (1): 19. 1935.

吉林（JL）、河南（HEN）、陕西（SN）、江苏（JS）、浙江（ZJ）、江西（JX）、湖北（HB）、四川（SC）、贵州（GZ）、云南（YN）、福建（FJ）、台湾（TW）、广西（GX）。

张中义等 1986; 喻璋 1988; 刘波和刘茵华 1995; 王爱群 1999; Zhuang 2005。

尖药草白锈菌

Albugo aechmantherae Z.Y. Zhang & Ying X. Wang, in Zhang, Wang & Liu, Acta Mycol. Sin. 3 (2): 65. 1984. **Type:** China (Hunan).

湖南（HN）。

张中义等 1984; 刘波和刘茵华 1995。

白锈菌

Albugo candida (Pers.) Roussel, Fl. Calvados, Edn 2 p 47. 1806.

Albugo candida var. *macrospora* Togashi, Sydowia 9 (1-6): 352. 1955.

Albugo macrospora (Togashi) S. Ito, in Ito & Tokunaga, Trans. Sapporo Nat. Hist. Soc. 14 (1): 17. 1935.

黑龙江（HL）、吉林（JL）、辽宁（LN）、内蒙古（NM）、河北（HEB）、北京（BJ）、山西（SX）、山东（SD）、河南（HEN）、陕西（SN）、宁夏（NX）、甘肃（GS）、青海（QH）、新疆（XJ）、江苏（JS）、浙江（ZJ）、江西（JX）、湖南（HN）、湖北（HB）、四川（SC）、重庆（CQ）、贵州（GZ）、云南（YN）、西藏（XZ）、福建（FJ）、台湾（TW）、广西（GX）。

臧穆 1980; 张中义等 1984; 孙树权等 1988; 喻璋 1988; 贾菊生和胡守智 1994; 李晓虹和刘德容 1995; 刘波和刘

茵华 1995; 张陶等 1998a; 王爱群 1999; 旺姆等 2001; 吉牛拉惹等 2002; 吴红芝等 2002; 查仙芳等 2005; Zhuang 2005; 王宽仓等 2009; 赵震宇和郭庆元 2012。

血水草白锈菌

Albugo eomeconis Z.Y. Zhang & Ying X. Wang, Acta Bot. Yunn. 3 (3): 257. 1981. **Type:** China (Sichuan).

四川（SC）。

张中义和王英祥 1981; 刘波和刘茵华 1995。

优若黎白锈菌

Albugo eurotiae Tranzschel, in Tranzschel & Serebrianikow, Mycotheca Rossica 3 & 4: no. 101. 1911.

新疆（XJ）；苏联。

陈耀等 1987; 王英祥等 1989; Zhuang 2005。

天仙子白锈菌

Albugo hyoscyami Z.Y. Zhang, Ying X. Wang & Z.S. Fu, in Zhang, Wang & Liu, Acta Mycol. Sin. 5 (2): 65. 1986. **Type:** China (Xinjiang).

新疆（XJ）。

张中义等 1986; 刘波和刘茵华 1995; Zhuang 2005。

蕹菜白锈菌

Albugo ipomoeae-aquaticae Sawada, Report of the Department of Agriculture, Government Research Institute of Formosa 2: 27. 1922.

北京（BJ）、山西（SX）、河南（HEN）、浙江（ZJ）、江西（JX）、湖北（HB）、四川（SC）、台湾（TW）、广西（GX）。

李固本 1987; 喻璋 1988; 刘波和刘茵华 1995; 王爱群 1999。

旋花白锈菌

Albugo ipomoeae-panduratae (Schwein.) Swingle, J. Mycol. 7 (2): 112. 1892.

山西（SX）、河南（HEN）、宁夏（NX）、江苏（JS）、江西（JX）、湖南（HN）、湖北（HB）、四川（SC）、云南（YN）、福建（FJ）、台湾（TW）、广东（GD）。

杜复等 1983; 张中义等 1987; 喻璋 1988; 王爱群 1999; 查仙芳等 2005; 王宽仓等 2009。

冷水花白锈菌

Albugo pileae J.F. Tao & Y. Qin, Acta Mycol. Sin. 2 (1): 1.

1983. **Type:** China (Sichuan).

四川（SC）。

陶家凤和秦芸 1983a；刘波和刘茵华 1995。

脓疱菌属［新拟］

Pustula Thines, Mycotaxon 92: 454. 2005.

婆罗门参脓疱菌［新拟］

Pustula tragopogonis (Pers.) Thines, Mycotaxon 92: 455. 2005.

Albugo tragopogonis (Pers.) Gray, Nat. Arr. Brit. Pl. (London) 1: 540. 1821.

Albugo tragopogonis var. *tragopogonis* (Pers.) Gray, Nat. Arr. Brit. Pl. (London) 1: 540. 1821.

Albugo tragopogonis var. *cirsii* Cif. & Biga, in Biga, Sydowia 9 (1-6): 355. 1955.

Albugo tragopogonis var. *inulae* Cif. & Biga, in Biga, Sydowia 9 (1-6): 357. 1955.

Albugo tragopogonis var. *pyrethri* Cif. & Biga, in Biga, Sydowia 9 (1-6): 356. 1955.

内蒙古（NM）、山西（SX）、河南（HEN）、陕西（SN）、宁夏（NX）、甘肃（GS）、新疆（XJ）。

白金铠等 1987；孙树权等 1988；喻璋 1988；Zhuang 2005；陈卫民等 2006；王宽仓等 2009。

光皮菌属

Wilsoniana Thines, Mycotaxon 92: 209. 2005.

苋光皮菌［新拟］

Wilsoniana bliti (Biv.) Thines, Mycotaxon 92: 456. 2005.

Albugo bliti (Biv.) Kuntze, Revis. Gen. Pl. (Leipzig) 2: 658. 1891.

黑龙江（HL）、吉林（JL）、辽宁（LN）、内蒙古（NM）、河北（HEB）、北京（BJ）、山西（SX）、山东（SD）、河南（HEN）、陕西（SN）、宁夏（NX）、甘肃（GS）、新疆（XJ）、安徽（AH）、江苏（JS）、上海（SH）、浙江（ZJ）、江西（JX）、湖南（HN）、湖北（HB）、四川（SC）、贵州（GZ）、云南（YN）、福建（FJ）、台湾（TW）、广东（GD）、广西（GX）。

杜复等 1983；张中义等 1986；李固本 1987；孙树权等 1988；喻璋 1988；贾菊生和胡守智 1994；李晓虹和刘德容 1995；刘波和刘茵华 1995；张陶等 1998a；王爱群 1999；向梅梅 2002；Zhuang 2005；王宽仓等 2009；赵震宇和郭庆元 2012。

西方光皮菌［新拟］

Wilsoniana occidentalis (G.W. Wilson) Abdul Haq & Shahzad, in Abdul Haq, Shahzad & Qamarunnisa, Index Fungorum 266: 1. 2015.

Albugo occidentalis G.W. Wilson, Bull. Torrey Bot. Club 34: 80. 1907.

广西（GX）；印度。

刘波和刘茵华 1995。

马齿苋光皮菌［新拟］

Wilsoniana portulacae (DC.) Thines, Mycotaxon 92: 456. 2005.

Albugo portulacae (DC.) Kuntze, Revis. Gen. Pl. (Leipzig) 2: 658. 1891.

吉林（JL）、辽宁（LN）、河北（HEB）、北京（BJ）、山西（SX）、山东（SD）、河南（HEN）、陕西（SN）、宁夏（NX）、甘肃（GS）、新疆（XJ）、江苏（JS）、浙江（ZJ）、四川（SC）。

孙树权等 1988；喻璋 1988；贾菊生和胡守智 1994；李晓虹和刘德容 1995；刘波和刘茵华 1995；薛德乾 2002；Zhuang 2005；王宽仓等 2009；赵震宇和郭庆元 2012。

霜霉目 Peronosporales E. Fisch.

拟串孢壶菌科［新拟］ Myzocytiopsidaceae M.W. Dick

拟串孢壶菌属［新拟］

Myzocytiopsis M.W. Dick, Mycol. Res. 101 (7): 878. 1997.

腐拟串孢壶菌［新拟］

Myzocytiopsis humicola (G.L. Barron & Percy) M.W. Dick, Mycol. Res. 101 (7): 879. 1997.

Myzocytium humicola G.L. Barron & Percy, Can. J. Bot. 53 (13): 1306. 1975.

贵州（GZ）；美国。

张克勤等 1993。

霜霉科 Peronosporaceae de Bary

盘梗霉属

Bremia Regel, Bot. Ztg. 1: 665. 1843.

甜菜盘梗霉

Bremia betae H.C. Bai & X.Y. Cheng, in Bai, Cheng & Meng, Acta Mycol. Sin. 4 (3): 141. 1985. **Type:** China (Gansu).

甘肃（GS）。

白宏彩等 1985，1991；Zhuang 2005。

岩参盘梗霉

Bremia cicerbitae C.J. Li & Z.Q. Yuan, Mycosystema 17 (4): 294. 1998. **Type:** China (Xinjiang).

山西（SX）、新疆（XJ）。

李春杰和袁自清 1998；Zhuang 2005。

蓟盘梗霉

Bremia cirsii (Jacz. ex Uljan.) J.F. Tao & Y.N. Yu, Acta Mycol. Sin. 11 (2): 93. 1992.

黑龙江（HL）、四川（SC）；波兰、罗马尼亚、苏联、南斯拉夫。

陶家凤和余永年 1992。

莴苣盘梗霉

Bremia lactucae Regel, Bot. Ztg. 1: 666. 1843.

Bremia lactucae var. *lactucae* Regel, Bot. Ztg. 1: 666. 1843.

Bremia ovata Sawada, Bot. Mag., Tokyo 28: (139). 1914.

Bremia sonchicola (Schltdl.) Sawada, Descriptive Catalogue of Formosa Fungi 3: 47. 1927.

Bremia lactucae f. *chinensis* L. Ling & M.C. Tai, Trans. Br. Mycol. Soc. 28: 24. 1945.

Bremia lactucae f. *sonchicola* (Schltdl.) L. Ling & M.C. Tai, Trans. Br. Mycol. Soc. 28: 24. 1945.

Bremia lactucae f. *taraxaci* Benua, in Benua & Karpova-Benua, Parazitnye Gribov Yakutii, [Parasitic Fungi of Yakutsk] (Novosibirsk) p 57. 1973.

山西（SX）、陕西（SN）、宁夏（NX）、甘肃（GS）、青海（QH）、新疆（XJ）、浙江（ZJ）、江西（JX）、四川（SC）、云南（YN）、西藏（XZ）、广西（GX）。

臧穆 1980；杜复等 1983；孙树权等 1988；贾菊生和胡守智 1994；李晓虹和刘德容 1995；张作刚等 2000；查仙芳等 2005；Zhuang 2005；王宽仓等 2009；赵震宇和郭庆元 2012；龙先华等 2014。

莴苣盘梗霉毛连菜变型

Bremia lactucae f.sp. **picridis** Skidmore & D.S. Ingram, Bot. J. Linn. Soc. 91 (4): 514. 1985. **Type:** United Kingdom.

甘肃（GS）；英国。

Zhuang 2005。

兔苣盘梗霉

Bremia lagoseridis Y.N. Yu & J.F. Tao, Acta Mycol. Sin. 11 (2): 92. 1992. **Type:** China (Xinjiang).

新疆（XJ）；罗马尼亚。

陶家凤和余永年 1992；Zhuang 2005。

大丁草盘梗霉

Bremia leibnitziae J.F. Tao & Y. Qin, Acta Mycol. Sin. 2 (4): 208. 1983. **Type:** China (Beijing).

北京（BJ）。

陶家凤和秦芸 1983b。

小孢盘梗霉

Bremia microspora Sawada, Descriptive Catalogue of Formosa Fungi 1: 109. 1919.

中国（具体地点不详）。

Zhuang 2005。

莫石竹盘梗霉

Bremia moehringiae T.R. Liu & C.K. Pai, Acta Mycol. Sin. 4 (1): 8. 1985. **Type:** China (Heilongjiang).

黑龙江（HL）。

刘惕若和白金铠 1985。

苍耳盘梗霉

Bremia xanthii Ubrizsy & Vörös, Acta Phytopathologica Academiae Scientiarum Hungaricae 1: 146. 1966. **Type:** Hungary.

宁夏（NX）；匈牙利。

查仙芳等 2005；王宽仓等 2009。

食草菌属［新拟］

Graminivora Thines & Göker, Mycol. Res. 110 (6): 651. 2006.

食草菌［新拟］

Graminivora graminicola (Naumov) Thines & Göker, Mycol. Res. 110 (6): 652. 2006.

Bremia graminicola Naumov, Bull. Soc. Mycol. Fr. 29 (2): 275. 1913.

宁夏（NX）、云南（YN）。

张陶等 1998b；查仙芳等 2005；Zhuang 2005；王宽仓等 2009。

海疫霉属

Halophytophthora H.H. Ho & S.C. Jong, Mycotaxon 36 (2): 380. 1990.

栓海疫霉［新拟］

Halophytophthora epistomium (Fell & Master) H.H. Ho & S.C. Jong, Mycotaxon 36 (2): 381. 1990.

台湾（TW）。

Ho et al. 1990。

刺囊海疫霉

Halophytophthora spinosa (Fell & Master) H.H. Ho & S.C. Jong, Mycotaxon 36 (2): 381. 1990.

Halophytophthora spinosa var. *lobata* (Fell & Master) H.H. Ho & S.C. Jong, Mycotaxon 36 (2): 381. 1990.

山东（SD）、海南（HI）。

曾会才等 2001。

泡囊海疫霉

Halophytophthora vesicula (Anastasiou & Churchl.) H.H. Ho & S.C. Jong, Mycotaxon 36 (2): 380. 1990.

山东（SD）、海南（HI）。

曾会才等 2001。

无色霜霉属［新拟］

Hyaloperonospora Constant., Nova Hedwigia 74 (3-4): 310. 2002.

芥无色霜霉［新拟］

Hyaloperonospora brassicae (Gäum.) Göker, Voglmayr, Riethm., Weiss & Oberw., Can. J. Bot. 81 (7): 681. 2003.

Peronospora brassicae Gäum., Beih. Bot. Zbl., Abt. 1 35: 131. 1918.

Peronospora parasitica subsp. *brassicae* (Gäum.) Maire, Mém. Soc. Sci. Nat. Maroc. 45: 14. 1937.

新疆（XJ）、西藏（XZ）。

臧穆 1980；贾菊生和胡守智 1994。

板蓝根无色霜霉 [新拟]

Hyaloperonospora isatidis (Gäum.) Göker, Riethm., Voglmayr, Weiss & Oberw., Mycol. Progr. 3 (2): 89. 2004.

Peronospora isatidis Gäum., Beih. Bot. Zbl., Abt. 1 35: 526. 1918.

山西（SX）、新疆（XJ）。

贾菊生和胡守智 1994；李晓虹和刘德容 1995；贾菊生和赵建民 1999。

寄生无色霜霉 [新拟]

Hyaloperonospora parasitica (Pers.) Constant., in Constantinescu & Fatehi, Nova Hedwigia 74 (3-4): 310. 2002.

Peronospora parasitica (Pers.) Fr., Summa veg. Scand., Sectio Post. (Stockholm) p 493. 1849.

Peronospora erysimi Gäum., Beih. Bot. Zbl., Abt. 1 35: 525. 1918.

Peronospora parasitica var. *brassicae* Y.C. Wang, Chin. J. Scient. Agric. 1 (4): 254, 257. 1944.

Peronospora parasitica var. *raphani* Y.C. Wang, Chin. J. Scient. Agric. 1 (4): 254, 257. 1944.

北京（BJ）、山西（SX）、河南（HEN）、宁夏（NX）、新疆（XJ）、浙江（ZJ）、四川（SC）、云南（YN）、西藏（XZ）、广西（GX）。

臧穆 1980；李固本 1987；孙树权等 1988；贾菊生和胡守智 1994；李晓虹和刘德容 1995；张陶等 1998a；喻璋 2000；旺姆等 2001；吉牛拉惹等 2002；王国良等 2005；Zhuang 2005；莫生华等 2007；王宽仓等 2009；赵震宇和郭庆元 2012。

播娘蒿无色霜霉 [新拟]

Hyaloperonospora sisymbrii-sophiae (Gäum.) Göker, Voglmayr & Oberw., Mycol. Res. 113 (3): 320. 2009.

Peronospora sisymbrii-sophiae Gäum., Beih. Bot. Zbl., Abt. 1 35: 529. 1918.

河南（HEN）。

喻璋 2000。

蒺藜无色霜霉

Hyaloperonospora tribulina (Pass.) Constant., in Constantinescu & Fatehi, Nova Hedwigia 74 (3-4): 323. 2002.

Peronospora tribulina Pass., Grevillea 7 (no. 43): 99. 1879.

河南（HEN）。

喻璋 2000。

类霜霉属

Paraperonospora Constant., Sydowia 41: 84. 1989.

黄花蒿类霜霉

Paraperonospora artemisiae-annuae (L. Ling & M.C. Tai) Constant., Sydowia 41: 85. 1989.

Bremiella artemisiae-annuae (L. Ling & M.C. Tai) J.F. Tao, in

Tao & Qin, Acta Mycol. Sin. 1 (2): 64. 1982.

陕西（SN）、江苏（JS）、四川（SC）、云南（YN）。

陶家凤和秦芸 1982；陶家凤 1991；Zhuang 2005。

冠菊类霜霉 [新拟]

Paraperonospora chrysanthemi-coronarii (Sawada) Constant., Sydowia 41: 87. 1989.

Bremiella chrysanthemi-coronarii (Sawada) J.F. Tao, in Tao & Qin, Acta Mycol. Sin. 1 (2): 64. 1982.

台湾（TW）。

陶家凤和秦芸 1982。

小子类霜霉

Paraperonospora leptosperma (de Bary) Constant., Sydowia 41: 89. 1989.

四川（SC）。

陶家凤 1991。

多型类霜霉

Paraperonospora multiformis (J.F. Tao & Y. Qin) Constant., Sydowia 41: 95. 1989.

Bremiella multiformis J.F. Tao & Y. Qin, Acta Mycol. Sin. 1 (2): 62. 1982.

江苏（JS）、四川（SC）。

陶家凤和秦芸 1982；陶家凤 1991。

硫色类霜霉

Paraperonospora sulphurea (Gäum.) Constant., Sydowia 41: 95. 1989.

宁夏（NX）。

Zhuang 2005。

菊蒿类霜霉 [新拟]

Paraperonospora tanaceti (Gäum.) Constant., Sydowia 41: 99. 1989.

Plasmopara tanaceti (Gäum.) Skalický, Preslia 38: 127. 1966.

河南（HEN）、四川（SC）。

陶家凤和秦芸 1987；喻璋 2000。

霜指霉属

Peronosclerospora (S. Ito) Hara, in Shirai & Hara, List of Japanese Fungi Hitherto Unknown, 3rd Ed p 247 ('257'). 1927.

玉蜀黍霜指霉

Peronosclerospora maydis (Racib.) C.G. Shaw, Mycologia 70 (3): 595. 1978.

Sclerospora maydis (Racib.) E.J. Butler, Memoirs of the Dept. Agric. India, Bot. Ser. 5: 275. 1913.

云南（YN）、广西（GX）。

陈树旋 1983；张中义等 1988a；王圆等 1994；黄天明 2007。

芒霜指霉

Peronosclerospora miscanthi (T. Miyake) C.G. Shaw, Mycologia 70 (3): 596. 1978.

台湾（TW）。

张中义等 1988a。

菲律宾霜指霉

Peronosclerospora philippinensis (W. Weston) C.G. Shaw, Mycologia 70 (3): 596. 1978.

云南（YN）、广西（GX）。

张中义等 1988a。

甘蔗霜指霉

Peronosclerospora sacchari (T. Miyake) Shirai & Hara, List of Japanese Fungi Hitherto Unknown, 3rd Ed p 257. 1927.

四川（SC）、台湾（TW）。

张中义等 1988a。

高粱霜指霉

Peronosclerospora sorghi (W. Weston & Uppal) C.G. Shaw, Mycologia 70 (3): 596. 1978.

河南（HEN）。

张中义等 1988a；喻璋 2000。

霜霉属

Peronospora Corda, Icon. Fung. (Prague) 1: 20. 1837.

乌头霜霉

Peronospora aconiti Y.N. Yu, Acta Phytopath. Sin. 9 (no. 2): 127. 1979. **Type:** China (Sichuan).

四川（SC）、重庆（CQ）。

余永年 1979；余永年和王燕林 1984。

苜蓿霜霉

Peronospora aestivalis Syd., in Gäumann, Beitr. Kryptfl. Schweiz 5 (no. 4): 200. 1923.

河南（HEN）、宁夏（NX）、甘肃（GS）、新疆（XJ）。

白宏彩等 1991；贾菊生和胡守智 1994；喻璋 2000；Zhuang 2005；王宽仓等 2009。

鹅不食霜霉

Peronospora alsinearum Casp., Monatsber. Königl. Preuss. Akad. Wiss. Berlin 3: 330. 1855.

宁夏（NX）。

查仙芳等 2005；王宽仓等 2009。

车前草霜霉

Peronospora alta Fuckel, Jb. Nassau. Ver. Naturk. 23-24: 71. 1870 [1869-1970].

宁夏（NX）、甘肃（GS）、新疆（XJ）、云南（YN）。

白宏彩等 1991；贾菊生和胡守智 1994；张陶等 1998a；Zhuang 2005；王宽仓等 2009。

水棘针霜霉

Peronospora amethysteae Lebedeva, in Jaczewski & Jaczewski, Opredelitel' Gribov. Sovershennye Griby (Diploi-

dnye Stadii). Vol. I Fikomitsety (Moscow): 232. 1931. **Type:** Russia (Siberia).

吉林（JL）；俄罗斯。

李玉和白金铠 1988。

狼紫草霜霉

Peronospora anchusae Ziling, in Murashkinskij & Ziling, Trans. Agric. Forest. Omsk. 9: 3. 1928.

甘肃（GS）。

孟有儒 1996；Zhuang 2005。

猪殃殃霜霉

Peronospora aparines (de Bary) Gäum., Beitr. Kryptfl. Schweiz 5 (no. 4): 246. 1923.

宁夏（NX）。

王宽仓等 2009。

水苦荬霜霉

Peronospora aquatica Gäum., Annls Mycol. 16 (1/2): 199. 1918.

陕西（SN）。

Zhuang 2005。

灰绿南芥霜霉

Peronospora arabidis-glabrae Gäum., Beih. Bot. Zbl., Abt. 1 35 (1): 520. 1918.

河南（HEN）。

喻璋 2000。

树状霜霉

Peronospora arborescens (Berk.) de Bary, Annls Sci. Nat., Bot., sér. 4 20: 119. 1863.

甘肃（GS）、新疆（XJ）。

白宏彩等 1991；Zhuang 2005。

糙草霜霉

Peronospora asperuginis J. Schröt., in Cohn, Krypt.-Fl. Schlesien (Breslau) 3.1 (9-16): 243. 1886 [1889].

青海（QH）。

Zhuang 2005。

苎麻霜霉

Peronospora boehmeriae G.Y. Yin & Z.S. Yang, Acta Mycol. Sin. 13 (3): 163. 1994. **Type:** China (Jiangxi).

江西（JX）。

殷恭毅和杨志胜 1994。

斑种草霜霉

Peronospora bothriospermi Sawada, Report of the Department of Agriculture, Government Research Institute of Formosa 27: 54. 1927.

陕西（SN）。

Zhuang 2005。

田野霜霉

Peronospora campestris Gäum., Beitr. Kryptfl. Schweiz 5 (no. 4): 49. 1923.

陕西（SN）。

Zhuang 2005。

藜霜霉

Peronospora chenopodii Casp., Sber. Gesellschaft Naturf. Freunde Berlin 10: 565. 1854.

山西（SX）、甘肃（GS）。

孙树权等 1988；白宏彩等 1991；李晓虹和刘德容 1995。

牻牛儿苗霜霉

Peronospora conglomerata Fuckel, Fungi Rhenani Exsic., Fasc. 1: no. 25. 1863.

宁夏（NX）。

王宽仓等 2009。

紫堇霜霉

Peronospora corydalis de Bary, Annls Sci. Nat., Bot., sér. 4 20: 111. 1863.

中国（具体地点不详）。

黄颂禹和陆仁刚 1989。

琉璃草霜霉

Peronospora cynoglossi Burrill, in Swingle, Kans. Peron. p 77. 1887.

陕西（SN）。

Zhuang 2005。

丹麦霜霉

Peronospora danica Gäum., Beitr. Kryptfl. Schweiz 5 (no. 4): 128. 1923.

安徽（AH）。

高启超和程新霞 1988；蒋细旺等 2002。

腐败霜霉[新拟]

Peronospora destructor (Berk.) Casp. ex Berk., in Berkeley, Outl. Brit. Fung. (London) p 349. 1860.

Peronospora schleidenii Unger, Bot. Ztg. 5: 315. 1847.

宁夏（NX）、甘肃（GS）、四川（SC）、云南（YN）。

白宏彩等 1991；杨家鸾和严位中 1993；吉牛拉惹等 2002；Zhuang 2005；王宽仓等 2009。

青蓝霜霉

Peronospora dracocephali C.J. Li & Z.Y. Zhao, Mycosystema 17 (3): 223. 1998. **Type:** China (Xinjiang).

新疆（XJ）。

李春杰和赵震宇 1998；Zhuang 2005。

迪科霜霉

Peronospora ducometi Siemaszko & Jank., Yearb. Agric. Sylvicult. Scienc. Poznań 21: 6. 1929.

甘肃（GS）。

白宏彩等 1991。

刺孢霜霉

Peronospora echinospermi Swingle, J. Mycol. 7 (2): 126. 1892.

宁夏（NX）。

王宽仓等 2009。

香薷霜霉

Peronospora elsholtziae T.R. Liu & C.K. Pai, Acta Mycol. Sin. 4 (1): 5. 1985. **Type:** China (Heilongjiang).

黑龙江（HL）、宁夏（NX）、甘肃（GS）。

刘惕若和白金铠 1985；Zhuang 2005；王宽仓等 2009。

沙参霜霉

Peronospora erinicola Durrieu, Bull. Trimest. Soc. Mycol. Fr. 80 (2): 156. 1964. **Type:** France.

陕西（SN）；法国。

Zhuang 2005。

荞麦霜霉

Peronospora fagopyri I. Tanaka, Trans. Sapporo Nat. Hist. Soc. 13 (2-3): 205. 1934.

宁夏（NX）。

王宽仓等 2009。

粉霜霉

Peronospora farinosa (Fr.) Fr., Summa veg. Scand., Sectio Post. (Stockholm) p 493. 1849.

Peronospora effusa (Grev.) Rabenh., Klotzschii Herb. Viv. Mycol. 19: no. 1880. 1854.

Peronospora schachtii Fuckel, Jb. Nassau. Ver. Naturk. 23-24: 71. 1870 [1869-1970].

Peronospora spinaciae Laubert, Gartenflora 15: 461. 1906.

Peronospora kochiae Gäum., Mitt. Naturf. Ges. Bern p 64. 1919 [1918].

山西（SX）、河南（HEN）、陕西（SN）、宁夏（NX）、甘肃（GS）、青海（QH）、新疆（XJ）、西藏（XZ）。

臧穆 1980；孙树权等 1988；白宏彩等 1991；贾菊生和胡守智 1994；李晓虹和刘德容 1995；旺姆等 1995；胡白石等 1999；喻璋 2000；Zhuang 2005；王宽仓等 2009；赵震宇和郭庆元 2012。

粉霜霉甜菜变型

Peronospora farinosa f.sp. **betae** Byford, Trans. Br. Mycol. Soc. 50 (4): 606. 1967. **Type:** Great Britain.

新疆（XJ）；英国。

贾菊生和胡守智 1994。

粉霜霉藜变型[新拟]

Peronospora farinosa f.sp. **chenopodii** Byford, Trans. Br. Mycol. Soc. 50 (4): 606. 1967. **Type:** Great Britain.

云南（YN）；英国。
张陶等 1998a。

粉霜霉菠菜变型

Peronospora farinosa f.sp. **spinaciae** Byford, Trans. Br. Mycol. Soc. 50 (4): 606. 1967. **Type:** Great Britain.
新疆（XJ）；英国。
贾菊生和胡守智 1994。

拉拉藤霜霉

Peronospora galii Fuckel, Fungi Rhenani Exsic., Fasc. 1: no. 30. 1863.
甘肃（GS）。
孟有儒等 2000；Zhuang 2005。

向日葵霜霉

Peronospora helianthi Rostr.
新疆（XJ）。
Zhuang 2005。

角茴香霜霉

Peronospora hypecoi Jacz. & P.A. Jacz., Opredelitel' Gribov, (Edn 3) I Ficomiţeti (Leningrad) p 149. 1931.
甘肃（GS）。
孟有儒等 2000；Zhuang 2005。

致病霜霉

Peronospora infestans (Mont.) de Bary, Annls Sci. Nat., Bot., sér. 4 20: 104. 1863.
青海（QH）。
Zhuang 2005。

野芝麻霜霉

Peronospora lamii A. Braun, in Rabenhorst, Mycological Herb., Edn 2 no. 325. 1857.
宁夏（NX）。
王宽仓等 2009。

牧地香豌豆霜霉

Peronospora lathyri-palustris Gäum., Beitr. Kryptfl. Schweiz 5 (no. 4): 192. 1923.
新疆（XJ）。
贾菊生和胡守智 1994。

大花益母草霜霉

Peronospora leonuri T.R. Liu & C.K. Pai, Acta Mycol. Sin. 4 (1): 6. 1985. **Type:** China (Heilongjiang).
黑龙江（HL）。
刘惕若和白金铠 1985。

东北霜霉

Peronospora manshurica (Naumov) Syd., in Gäumann, Beitr. Kryptfl. Schweiz 5 (no. 4): 221. 1923.
山西（SX）、宁夏（NX）、甘肃（GS）、新疆（XJ）。

孙树权等 1988；白宏彩等 1991；骆桂芬等 1996；陈卫民等 1999；Zhuang 2005；王宽仓等 2009。

繁缕霜霉

Peronospora media Gäum., Mitt. Naturf. Ges. Bern p 183. 1920 [1919].
宁夏（NX）。
王宽仓等 2009。

草木犀霜霉

Peronospora meliloti Syd., in Gäumann, Beitr. Kryptfl. Schweiz 5 (no. 4): 203. 1923.
中国（具体地点不详）。
Zhuang 2005。

薄荷霜霉

Peronospora menthae X.Y. Cheng & H.C. Bai, Acta Mycol. Sin. 5 (3): 136. 1986. **Type:** China (Gansu).
甘肃（GS）、新疆（XJ）。
程秀英和白宏彩 1986；白宏彩等 1991；Zhuang 2005；赵震宇和郭庆元 2012。

微孔草霜霉

Peronospora microulae Y.R. Meng & G.Y. Yin, Acta Mycol. Sin. 8 (4): 247. 1989. **Type:** China (Gansu).
甘肃（GS）。
孟有儒和殷恭毅 1989；白宏彩等 1991；Zhuang 2005。

风花菜霜霉

Peronospora nasturtii-palustris S. Ito & Tokun., Trans. Sapporo Nat. Hist. Soc. 14 (1): 31. 1935.
河南（HEN）。
喻璋 2000。

红褐霜霉［新拟］

Peronospora obovata Bonord., in Rabenhorst, Fungi Europ. Exsicc., Edn 2, ser. 2: no. 289. 1860.
Peronospora lepigoni Fuckel, Fungi Rhenani Exsic., Fasc. 1: no. 21. 1863.
宁夏（NX）。
查仙芳等 2005；王宽仓等 2009。

马先蒿霜霉

Peronospora pedicularis Palm, Svensk Bot. Tidskr. 5: 356. 1911.
甘肃（GS）。
孟有儒 1996；Zhuang 2005。

紫苏霜霉

Peronospora perillae Miyabe, Trans. Sapporo Nat. Hist. Soc. 14 (1): 29. 1935.
宁夏（NX）；日本。
王宽仓 1992；查仙芳等 2005；Zhuang 2005；沈瑞清等

2007；王宽仓等 2009。

豌豆霜霉

Peronospora pisi Syd., in Gäumann, Beitr. Kryptfl. Schweiz 5 (no. 4): 209. 1923.

陕西（SN）、宁夏（NX）、青海（QH）。

Zhuang 2005；王宽仓等 2009。

蓼霜霉

Peronospora polygoni Halst., Annals Conservat. Bot. Genève 21: 20. 1919.

甘肃（GS）。

孟有儒 1996；Zhuang 2005。

委陵菜霜霉

Peronospora potentillae de Bary, Annls Sci. Nat., Bot., sér. 4 20: 124. 1863.

河南（HEN）。

喻璋 2000。

假繁缕霜霉

Peronospora pseudostellariae G.Y. Yin & Z.S. Yang, Acta Mycol. Sin. 13 (3): 161. 1994. **Type:** China (Jiangsu).

江苏（JS）。

殷恭毅和杨志胜 1994。

茜草霜霉

Peronospora rubiae Gäum., Beitr. Kryptfl. Schweiz 5 (no. 4): 250. 1923.

陕西（SN）。

Zhuang 2005。

地榆霜霉

Peronospora sanguisorbae Gäum., Beitr. Kryptfl. Schweiz 5 (no. 4): 297. 1923.

内蒙古（NM）。

白金铠等 1987。

中国霜霉

Peronospora sinensis D.Z. Tang, Acta Mycol. Sin. 4 (2): 80. 1985. **Type:** China (Gansu).

宁夏（NX）、甘肃（GS）。

唐德志 1985；白宏彩等 1991；Zhuang 2005；王宽仓等 2009。

玄参霜霉

Peronospora sordida Berk., Ann. Mag. Nat. Hist., Ser. 3 7: 449. 1861.

陕西（SN）。

Zhuang 2005。

蔷薇霜霉

Peronospora sparsa Berk., Gard. Chron., London p 308. 1862.

Peronospora rubi Rabenh. ex J. Schröt., in Cohn, Krypt.-Fl. Schlesien (Breslau) 3.1 (9-16): 251. 1886 [1889].

辽宁（LN）、宁夏（NX）；伊朗、日本、菲律宾、奥地利、保加利亚、法国、德国、希腊、拉脱维亚、波兰、葡萄牙、瑞典、英国、埃及、毛里求斯、摩洛哥、南非、加拿大、美国、巴西、澳大利亚、新西兰。

田秀玲等 1998；查仙芳等 2005；王宽仓等 2009。

车轴草霜霉

Peronospora trifoliorum de Bary, Annls Sci. Nat., Bot., sér. 4 20: 117. 1863.

陕西（SN）。

Zhuang 2005。

附地菜霜霉

Peronospora trigonotidis S. Ito & Tokun., Trans. Sapporo Nat. Hist. Soc. 14 (1): 28. 1935.

河南（HEN）。

喻璋 2000。

砂引草霜霉

Peronospora uljanishchevii Tunkina, Trud. In-ta Bot., Baku 19: 103. 1955. **Type:** Azerbaijan.

宁夏（NX）；阿塞拜疆。

查仙芳等 2005；Zhuang 2005；沈瑞清等 2007；王宽仓等 2009。

蚕豆霜霉

Peronospora viciae (Berk.) Casp., Ber. Bekanntm. Verhandl. Königlich Preuss. Akad. Wissensch. Berlin 3: 330. 1855.

宁夏（NX）。

查仙芳等 2005；Zhuang 2005；王宽仓等 2009。

疫霉属

Phytophthora de Bary, J. Roy. Agric. Soc. England, ser. 2 12: 240. 1876.

苎麻疫霉

Phytophthora boehmeriae Sawada, Report of the Department of Agriculture, Government Research Institute of Formosa 27: 10. 1927.

新疆（XJ）、安徽（AH）、江苏（JS）、江西（JX）。

郑小波和陆家云 1989a, 1989b；马平和沈崇尧 1994；郑小波等 1995；李晖等 1999；陈方新等 2001, 2004；刘丽霞和晏文武 2007。

簇囊疫霉

Phytophthora botryosa Chee, Trans. Br. Mycol. Soc. 52 (3): 428. 1969. **Type:** Malaysia.

福建（FJ）；马来西亚。

郑小波和陆家云 1989b。

恶疫霉

Phytophthora cactorum (Lebert & Cohn) J. Schröt., in Cohn,

Krypt.-Fl. Schlesien (Breslau) 3.1 (9-16): 236. 1886 [1889].

黑龙江（HL）、吉林（JL）、辽宁（LN）、陕西（SN）、甘肃（GS）、新疆（XJ）、安徽（AH）、四川（SC）、云南（YN）。

余永年等 1986；余永年和李金亮 1987；唐德志等 1990；郑小波和陆家云 1990；先宗良等 1992a；贾菊生和胡守智 1994；束庆龙等 1994；白容霖 1999；李晖等 1999；王汝贤和杨之为 2000；鲁海菊等 2007；尹芳等 2007；赵俞和王琦 2012。

好望角疫霉

Phytophthora capensis Bezuid., Denman, A. McLeod & S.A. Kirk, Persoonia 25: 45. 2010. **Type:** South Africa (Western Cape Province).

安徽（AH）；南非。

戚仁德等 2002。

辣椒疫霉

Phytophthora capsici Leonian, Phytopathology 12 (9): 403. 1922.

黑龙江（HL）、辽宁（LN）、北京（BJ）、山东（SD）、陕西（SN）、宁夏（NX）、甘肃（GS）、青海（QH）、新疆（XJ）、安徽（AH）、上海（SH）、浙江（ZJ）、江西（JX）、湖南（HN）、湖北（HB）、四川（SC）、云南（YN）、西藏（XZ）、广东（GD）、广西（GX）；世界热带、亚热带和温带。

何汉兴等 1984；Bolkan & 邓先明 1986；余永年等 1986；余永年和李金亮 1987；程沄等 1988；贾菊生等 1988；马辉刚 1988；刘琼光和黄民文 1990；沈崇尧等 1990；郑小波和陆家云 1990；成家壮 1992；贾菊生 1992；杨家鸾和严位中 1993；贾菊生和胡守智 1994；孔常兴等 1995；张超冲 1995；文景芝等 1998；李晖等 1999；成家壮和韦小燕 2000；唐洪和刘德全 2000；张连梅 2001；成家壮等 2004；宋瑞清 2004；孙文秀等 2004；查仙芳等 2005；朱双杰和高智谋 2006；朱辉等 2007；郭敏等 2008；兰海等 2008；阮富呈 2008；刘畅 2009；王宽仓等 2009；游玲等 2009；王辉等 2012；赵震宇和郭庆元 2012；徐庆庆等 2013。

樟疫霉

Phytophthora cinnamomi Rands, Meded. Inst. Plantenziekt. 54: 1. 1922.

江苏（JS）、浙江（ZJ）、云南（YN）、福建（FJ）、广东（GD）、广西（GX）。

何汉兴等 1984；黄世钰 1988；陆家云和郑小波 1988；郑小波和陆家云 1989a，1989b；徐敬友等 1990a；黄亚军和戚佩坤 1998；成家壮和韦小燕 2000；王家和等 2000；孙文秀等 2004；付岗等 2006；赵晓燕和刘正坪 2007。

柑橘生疫霉

Phytophthora citricola Sawada, Report of the Department of Agriculture, Government Research Institute of Formosa 27: 21.

1927.

广东（GD）。

姜子德等 2000；成家壮等 2004。

柑橘褐腐疫霉

Phytophthora citrophthora (R.E. Sm. & E.H. Sm.) Leonian, Am. J. Bot. 12: 445. 1925.

黑龙江（HL）、新疆（XJ）、江苏（JS）、浙江（ZJ）、湖南（HN）、四川（SC）、重庆（CQ）、云南（YN）、广东（GD）、广西（GX）、海南（HI）。

余永年等 1986；余永年和李金亮 1987；游标 1988；郑小波和陆家云 1988，1989a，1989b，1990；张开明等 1993；张镜等 1994；卢秋波 1995；陈利锋等 1997；李晖等 1999；成家壮和韦小燕 2000，2003；王国良 2001；成家壮等 2004。

芋疫霉

Phytophthora colocasiae Racib., Parasit. Alg. Pilze Java's (Jakarta) 1: 9. 1900.

广东（GD）、广西（GX）。

张宝棣等 1994；何燕 2005。

隐地疫霉

Phytophthora cryptogea Pethybr. & Laff., Scientific Proc. R. Dublin Soc., N.S. 15: 498. 1919 [1916-1920].

新疆（XJ）、江苏（JS）、云南（YN）。

郑小波和陆家云 1989b；李晖等 1999；张正光等 2005；李越等 2008。

莎草疫霉

Phytophthora cyperi (Ideta) S. Ito, Trans. Sapporo Nat. Hist. Soc. 14 (1): 13. 1935.

广西（GX）、海南（HI）。

戴肇英和张超冲 1988，1990；张超冲和戴肇英 1992；Ho et al. 2004。

德雷疫霉

Phytophthora drechsleri Tucker, Bull. Mississ. Agric. Exp. Stn 153: 158. 1931.

宁夏（NX）、新疆（XJ）、江苏（JS）、上海（SH）、广东（GD）、广西（GX）。

何汉兴等 1984；黄世钰 1988；贾菊生和汤斌 1989；郑小波和陆家云 1989a，1989b；徐敬友等 1990a，1990b；成家壮 1992；贾菊生和胡守智 1994；李晖等 1999；成家壮和韦小燕 2000；成家壮等 2004；查仙芳等 2005；Zhuang 2005；李卫民等 2007；王宽仓等 2009。

草莓疫霉

Phytophthora fragariae Hickman, Journal of Hort. Sci. 18: 2. 1940. **Type:** Great Britain.

江西（JX）；英国。

刘紫英等 2008。

致病疫霉

Phytophthora infestans (Mont.) de Bary, J. Roy. Agric. Soc. England, ser. 2 12: 240. 1876.

山西（SX）、宁夏（NX）、新疆（XJ）、重庆（CQ）、云南（YN）、西藏（XZ）、福建（FJ）、广西（GX）。

臧穆 1980；孙树权等 1988；杨家鸾和严位中 1993；黄旭正 1994；李国刚和梁载林 2000；田苗英等 2000；陈庆河等 2004；查仙芳等 2005；鄢铮 2005；侯淑英等 2006；黄振霖等 2008；廖基宁等 2008；郝雪 2009；王宽仓等 2009；赵震宇和郭庆元 2012。

蜜色疫霉

Phytophthora meadii McRae, J. Bombay Nat. Hist. Soc. 25: 760. 1918.

江苏（JS）、浙江（ZJ）、福建（FJ）。

郑小波和陆家云 1988，1989a，1989b。

大雄疫霉

Phytophthora megasperma Drechsler, J. Wash. Acad. Sci. 21: 525. 1931.

中国（具体地点不详）。

沈崇尧和苏彦纯 1991。

黄瓜疫霉

Phytophthora melonis Katsura, Trans. Mycol. Soc. Japan 17 (3-4): 238. 1976. **Type:** Japan.

北京（BJ）、新疆（XJ）、上海（SH）、湖北（HB）、四川（SC）、重庆（CQ）、云南（YN）、广东（GD）；日本。

浙江农业大学园艺系蔬菜病害课题组 1978；王燕华和杨顺宝 1980；何汉兴等 1984；李淑娥等 1986；先宗良等 1992a；杨家鸾和严位中 1993；王锐萍 2000；吉牛拉惹等 2002；梁子胜和凌世高 2004；杜晓英等 2008。

烟草疫霉

Phytophthora nicotianae Breda de Haan, Meded. Lds PlTuin, Batavia 15: 57. 1896.

Phytophthora parasitica Dastur, Memoirs of the Dept. Agric. India, Bot. Ser. 5 (4): 226. 1913.

Phytophthora parasitica var. *nicotianae* Tucker, Research Bulletin, Miss. Agricultural Experimental Station 153: 173. 1931.

Phytophthora nicotianae var. *parasitica* (Dastur) G.M. Waterh., Mycol. Pap. 92: 14. 1963.

吉林（JL）、辽宁（LN）、河北（HEB）、北京（BJ）、山西（SX）、山东（SD）、河南（HEN）、宁夏（NX）、甘肃（GS）、新疆（XJ）、安徽（AH）、江苏（JS）、上海（SH）、浙江（ZJ）、湖南（HN）、四川（SC）、重庆（CQ）、贵州（GZ）、云南（YN）、西藏（XZ）、福建（FJ）、广东（GD）、广西（GX）、海南（HI）。

何汉兴等 1984；王智发等 1985，1987；Bolkan & 邓先明

1986；黄世钰 1988；孙树权等 1988；郑小波和陆家云 1989a，1989b，1990；徐敬友 1990a，1990b；先宗良等 1992a，1992b；张镜和黄治远 1993；张开明等 1993；贾菊生和胡守智 1994；张镜等 1994；孔常兴等 1995；郑小波等 1995；丁学义和黄声玉 1997；李晖等 1998，1999；舒正义等 1998；崔泳汉等 1999；刘素青和赵丽芳 1999；陈秋萍 2000；成家壮和韦小燕 2000，2003；王家和等 2000；习平根等 2000；杨建卿等 2001；朱建兰 2001；周晓燕 2002；梁元存等 2003；周志权等 2003；成家壮等 2004；孙文秀等 2004；查仙芳等 2005；王万能等 2005；徐秉良和马书智 2005；马国胜和高智谋 2006；韦发才等 2007；李静等 2008；张广舢和董勤成 2008；郑莹等 2008；王宽仓等 2009；易茜茜等 2010；杨萍和杨谦 2012；赵俞和王琦 2012；李梅云和李永平 2013；Meng et al. 2014。

棕榈疫霉

Phytophthora palmivora (E.J. Butler) E.J. Butler, Science Rep. Agric. Res. Inst. Pusa p 82. 1919 [1918].

江苏（JS）、上海（SH）、浙江（ZJ）、湖南（HN）、四川（SC）、重庆（CQ）、云南（YN）、广东（GD）。

臧穆 1980；余永年等 1986；余永年和李金亮 1987；游标 1988；郑小波和陆家云 1988，1989a，1989b；先宗良等 1992a；张镜和黄治远 1993；张镜等 1994；郑小波等 1995；成家壮和韦小燕 2000，2003；王家和等 2000；成家壮等 2004；张国辉等 2005，2006；唐祥宁和邓建玲 2008。

葱疫霉

Phytophthora porri Foister, Trans. Bot. Soc. Edinb., 150th Anniversary Suppl. 30 (4): 277. 1931.

上海（SH）。

杨芝等 1991。

大豆疫霉

Phytophthora sojae Kaufm. & Gerd., Phytopathology 48: 207. 1958. **Type:** United States (Illinois).

黑龙江（HL）、吉林（JL）、广西（GX）；印度、日本、哈萨克斯坦、白俄罗斯、法国、德国、匈牙利、意大利、俄罗斯、瑞士、乌克兰、英国、埃及、尼日利亚、加拿大、美国、阿根廷、巴西、澳大利亚、新西兰。

王晓鸣等 1998；张国栋 1998；朱振东和王晓鸣 1998；朱振东等 1999；左豫虎等 2001；黄胜光 2003；许修宏等 2003；宋志刚等 2008。

豇豆疫霉

Phytophthora vignae Purss, Queensland J. Agric. Anim. Sci. 14: 141. 1957. **Type:** Australia (Queensland).

广东（GD）；澳大利亚。

成家壮和韦小燕 1999。

豇豆疫霉小豆专化型

Phytophthora vignae f.sp. **adzukicola** S. Tsuchiya, Yanagawa

& Ogoshi, Ann. Phytopath. Soc. Japan 52 (4): 583. 1986. **Type:** Japan (Hokkaido).

黑龙江（HL）；日本。

朱振东和王晓鸣 2003。

单轴霉属

Plasmopara J. Schröt., Krypt.-Fl. Schlesien (Breslau) 3.1 (9-16): 236. 1886 [1889].

苍耳单轴霉

Plasmopara angustiterminalis Novot., Bot. Zh. S. S. S. R. 47: 979. 1962. **Type:** Ukraine.

吉林（JL）、内蒙古（NM）、宁夏（NX）；乌克兰。

白金铠和李玉 1980；白金铠等 1987；刘绍芹和吕国忠 2005；王宽仓等 2009。

紫菀单轴霉

Plasmopara asterea Novot., Notul. Syst. Sect. Cryptog. Inst. Bot. Acad. Sci. U. S. S. R. 16: 73. 1962. **Type:** Kirgizstan.

Plasmopara asterea f. *callistephi* Novot., Notul. Syst. Sect. Cryptog. Inst. Bot. Acad. Sci. U. S. S. R. 16: 76. 1962.

新疆（XJ）、四川（SC）；吉尔吉斯斯坦、俄罗斯（西伯利亚）。

陶家凤和秦芸 1987；贾菊生和胡守智 1994。

红花单轴霉 [新拟]

Plasmopara carthami Negru, Mycopath. Mycol. Appl. 33: 364. 1967. **Type:** Romania.

新疆（XJ）；罗马尼亚。

贾菊生等 1987；贾菊生和胡守智 1994。

鸭儿芹单轴霉

Plasmopara cryptotaeniae J.F. Tao & Y. Qin, Acta Mycol. Sin. 5 (3): 130. 1986. **Type:** China (Sichuan).

四川（SC）。

陶家凤和秦芸 1986。

香薷单轴霉

Plasmopara elsholtziae J.F. Tao & Y. Qin, Acta Mycol. Sin. 2 (2): 84. 1983. **Type:** China (Sichuan).

四川（SC）。

陶家凤和秦芸 1983c。

霍尔斯单轴霉

Plasmopara halstedii (Farl.) Berl. & De Toni, in Berlese, De Toni & Fischer, Syll. Fung. (Abellini) 7: 242. 1888.

Peronospora halstedii Farl., Proc. Amer. Acad. Arts & Sci. 18: 72. 1883.

Plasmopara helianthi Novot., Sber. Dokl. Nauch. Konf. Zashch. Rast. Tallin-Saku, 1960 p 136. 1962.

吉林（JL）、辽宁（LN）、山西（SX）、宁夏（NX）、甘肃（GS）、新疆（XJ）。

李玉 1980；贾菊生和白晓 1984；贾菊生等 1987；孙树权

等 1988；白宏彩等 1991；王青槐等 1991；周肇瑛和严进 1992；李子钦和张建平 1993；贾菊生和胡守智 1994；王宽仓等 2009；赵震宇和郭庆元 2012。

蜡菊单轴霉

Plasmopara helichrysi (Togashi & Egami) J.F. Tao, in Tao & Qin, Acta Mycol. Sin. 6 (2): 72. 1987.

四川（SC）。

陶家凤和秦芸 1987。

雪白单轴霉

Plasmopara nivea (Unger) J. Schröt., in Cohn, Krypt.-Fl. Schlesien (Breslau) 3.1 (9-16): 237. 1886 [1889].

Plasmopara angelicae Casp. ex Trotter, in Saccardo, Syll. Fung. (Abellini) 24 (1): 65. 1926.

浙江（ZJ）。

陶家凤和秦芸 1986。

凤仙单轴霉

Plasmopara obducens (J. Schröt.) J. Schröt., in Cohn, Krypt.-Fl. Schlesien (Breslau) 3.1 (9-16): 238. 1886 [1889].

云南（YN）。

张中义等 1987。

冷水花单轴霉

Plasmopara pileae S. Ito & Tokun., Trans. Sapporo Nat. Hist. Soc. 14 (1): 20. 1935.

陕西（SN）。

Zhuang 2005。

车前草单轴霉

Plasmopara plantaginicola T.R. Liu & C.K. Pai, Acta Mycol. Sin. 4 (1): 8. 1985. **Type:** China (Heilongjiang).

黑龙江（HL）。

刘惕若和白金铠 1985。

小单轴霉

Plasmopara pusilla (de Bary) J. Schröt., in Cohn, Krypt.-Fl. Schlesien (Breslau) 3.1 (9-16): 237. 1886 [1889].

河南（HEN）。

喻璋 2000。

地榆单轴霉

Plasmopara sanguisorbae C.J. Li, Z.Q. Yuan & Z.Y. Zhao, Acta Mycol. Sin. 14 (3): 161. 1995. **Type:** China (Xinjiang).

新疆（XJ）。

李春杰等 1995；Zhuang 2005。

变豆菜单轴霉

Plasmopara saniculae Săvul. & O. Săvul., Buletin Ştiinţ. Acad. Repub. Pop. Rom., Ser. Sect. Ştiinţ. Biol. Geol. Geog. 3 (3): 371. 1951. **Type:** Romania.

贵州（GZ）；罗马尼亚。

陶家凤和秦芸 1986。

苘麻单轴霉

Plasmopara skvortzovii Miura, Flora of Manchuria and East Mongolia 3: 40. 1930.

内蒙古（NM）、陕西（SN）。

白金铠等 1987；Zhuang 2005。

葡萄生单轴霉

Plasmopara viticola (Berk. & M.A. Curtis) Berl. & De Toni, in Berlese, De Toni & Fischer, Syll. Fung. (Abellini) 7: 239. 1888.

山西（SX）、宁夏（NX）、新疆（XJ）、浙江（ZJ）、贵州（GZ）。

孙树权等 1988；贾菊生和胡守智 1994；胡晓东等 2005；Zhuang 2005；孙世民等 2006；张松强和王立如 2007；王宽仓等 2009；赵震宇和郭庆元 2012。

云南单轴霉

Plasmopara yunnanensis J.F. Tao & Y. Qin, Acta Mycol. Sin. 6 (2): 68. 1987. **Type:** China (Yunnan).

河南（HEN）、四川（SC）、云南（YN）。

陶家凤和秦芸 1987。

春生单轴霉属［新拟］

Plasmoverna Constant., Voglmayr, Fatehi & Thines, Taxon 54 (3): 818. 2005.

高山春生单轴霉［新拟］

Plasmoverna alpina (Johanson) Constant., Voglmayr, Fatehi & Thines, Taxon 54 (3): 819. 2005.

Peronospora alpina Johanson, Botan. Zbl. 28: 393. 1886.

甘肃（GS）。

Zhuang 2005。

假霜霉属

Pseudoperonospora Rostovzev, Flora, Regensburg 92: 424. 1903.

大麻假霜霉

Pseudoperonospora cannabina (G.H. Otth) Curzi, Revue de Pathologe Végétale et d'Entom. Agric. de France 16 (9-10): 34. 1926.

陕西（SN）、宁夏（NX）、新疆（XJ）。

贾菊生和胡守智 1994；Zhuang 2005；王宽仓等 2009。

古巴假霜霉

Pseudoperonospora cubensis (Berk. & M.A. Curtis) Rostovzev, Annals Inst. Agron. Moscow 9: 47. 1903.

Peronospora humuli (Miyabe & Takah.) Skalický, Preslia 38: 126. 1966.

Pseudoperonospora humuli (Miyabe & Takah.) G.W. Wilson, Mycologia 6 (4): 194. 1914.

山西（SX）、宁夏（NX）、甘肃（GS）、新疆（XJ）、四川（SC）、重庆（CQ）、云南（YN）、广东（GD）、广西（GX）。

李宗英 1985；孙树权等 1988；白宏彩等 1991；杨家莺和严位中 1993；贾菊生和胡守智 1994；李晓虹和刘德容 1995；任宝仓等 1996；袁会珠等 1999；邓先明等 2001；吉牛拉惹等 2002；梁子胜和凌世高 2004；Zhuang 2005；赖廷锋等 2006；谢以泽等 2006；张艳菊等 2007；龙先华 2008；王宽仓等 2009；赵震宇和郭庆元 2012。

香薷假霜霉

Pseudoperonospora elsholtziae D.Z. Tang, Acta Mycol. Sin. 3 (2): 72. 1984. **Type:** China (Gansu).

甘肃（GS）。

唐德志 1984；白宏彩等 1991。

指疫霉属

Sclerophthora Thirum., C.G. Shaw & Naras., Bull. Torrey Bot. Club 80: 304. 1953.

法氏指疫霉［新拟］

Sclerophthora farlowii (Griffiths) R.G. Kenneth, Israel J. Bot. p 139. 1964.

Sclerospora farlowii Griffiths, Bull. Torrey Bot. Club 24: 207. 1907.

云南（YN）；墨西哥、美国。

张中义等 1988b。

指疫霉

Sclerophthora macrospora (Sacc.) Thirum., C.G. Shaw & Naras., Bull. Torrey Bot. Club 80: 299. 1953.

Sclerospora macrospora Sacc., Hedwigia 29: 155. 1890.

辽宁（LN）、河北（HEB）、北京（BJ）、山西（SX）、山东（SD）、陕西（SN）、宁夏（NX）、甘肃（GS）、青海（QH）、新疆（XJ）、安徽（AH）、湖南（HN）、四川（SC）、贵州（GZ）、西藏（XZ）；印度、日本、意大利、加拿大、美国；亚洲、欧洲、非洲。

王金生 1980；臧穆 1980；孙发仁 1981；臧景弘等 1981；韦石泉 1982；陈嘉孚等 1984；孙树权等 1988；李大明等 1992；贾菊生和胡守智 1994；罗占忠等 1994；孔令晓和罗畔池 1998；朱振东等 1998；张志庆和李玉平 2002；Zhuang 2005；王宽仓等 2009；薛洪楼 2009；陈丽莉 2010；何树鹏等 2010；赵震宇和郭庆元 2012。

大孢指疫霉水稻变种

Sclerophthora macrospora var. *oryzae* J. Liu & S.S. Zhang, Journal of Fujian Agriculture and Forestry University (Natural Science Edition) 21 (2): 134-136. 2013.

吉林（JL）、辽宁（LN）、安徽（AH）、江苏（JS）、浙江（ZJ）、湖南（HN）、湖北（HB）、贵州（GZ）、云南（YN）、台湾（TW）、广东（GD）。

张中义等 1990。

指梗霉属

Sclerospora J. Schröt., Hedwigia 18: 86. 1879.

禾生指梗霉

Sclerospora graminicola (Sacc.) J. Schröt., in Cohn, Krypt.-Fl. Schlesien (Breslau) 3.1 (9-16): 236. 1886 [1889].

黑龙江（HL）、吉林（JL）、辽宁（LN）、内蒙古（NM）、河北（HEB）、北京（BJ）、山西（SX）、山东（SD）、河南（HEN）、陕西（SN）、宁夏（NX）、甘肃（GS）、新疆（XJ）、安徽（AH）、江苏（JS）、浙江（ZJ）、江西（JX）、湖南（HN）、湖北（HB）、四川（SC）、贵州（GZ）、云南（YN）、台湾（TW）、广东（GD）、广西（GX）。

李学禹 1983；顾龙云等 1984；李宗英 1985；顾龙云 1986；刘正南 1986；应建浙等 1987；马启明等 1988；孙树权等 1988；杨文胜和王建国 1988；张中义等 1988b；杨文胜 1990；何宗智和游淑芳 1991；贾菊生和胡守智 1994；李晓虹和刘德容 1995；褚菊征等 1996；陈锡林等 2000；查仙芳等 2005；Zhuang 2005；戴玉成和杨祝良 2008；王宽仓 2009；赵震宇和郭庆元 2012。

腐霉科 Pythiaceae J. Schröt.

球状孢囊菌属［新拟］

Globisporangium Uzuhashi, Tojo & Kakish., Mycoscience 51 (5): 360. 2010.

刺器球状孢囊菌［新拟］

Globisporangium acanthophoron (Sideris) Uzuhashi, Tojo & Kakish., Mycoscience 51 (5): 361. 2010.

Pythium acanthophoron Sideris, Mycologia 24 (1): 36. 1932.

浙江（ZJ）、广西（GX）。

沈杰和张炳欣 1995；付岗等 2005。

顶生球状孢囊菌［新拟］

Globisporangium acrogynum (Y.N. Yu) Uzuhashi, Tojo & Kakish., Mycoscience 51 (5): 361. 2010.

Pythium acrogynum Y.N. Yu, Acta Microbiol. Sin. 13 (2): 117. 1973.

湖北（HB）。

余永年 1973，1987；高同春等 2001。

钟形球状孢囊菌［新拟］

Globisporangium campanulatum (R. Mathew, K.K. Singh & B. Paul) Uzuhashi, Tojo & Kakish., Mycoscience 51 (5): 361. 2010.

Pythium campanulatum R. Mathew, K.K. Singh & B. Paul, FEMS Microbiol. Lett. 226 (1): 10. 2003.

广西（GX）；印度。

龙艳艳等 2013。

卡地球状孢囊菌［新拟］

Globisporangium carolinianum (V.D. Matthews) Uzuhashi, Tojo & Kakish., Mycoscience 51 (5): 361. 2010.

Pythium carolinianum V.D. Matthews, Stud. genus *Pythium* p 71. 1931.

Pythium catenulatum V.D. Matthews, Stud. genus *Pythium* p 47. 1931.

宁夏（NX）、甘肃（GS）。

余永年 1987；王宽仓等 1992，2009；Zhuang 2005；李金花和柴兆祥 2010。

德巴利球状孢囊菌［新拟］

Globisporangium debaryanum (R. Hesse) Uzuhashi, Tojo & Kakish., Mycoscience 51 (5): 361. 2010.

Pythium debaryanum R. Hesse, Pythium debaryanum p ein endophytischer Schmarotzer in den Geweben der Keimlinge der Leindotter, der Rüben, der Spergels und einiger anderer landwirthschaftlichen Kulturpflanzen p 34. 1874.

吉林（JL）、辽宁（LN）、安徽（AH）、浙江（ZJ）、四川（SC）、重庆（CQ）、云南（YN）。

余永年 1987；张镜和黄治远 1993；束庆龙等 1994；沈杰和张炳欣 1995；王家和 1997；崔泳汉等 1999；姜辉等 2001。

异宗配合球状孢囊菌［新拟］

Globisporangium heterothallicum (W.A. Campb. & F.F. Hendrix) Uzuhashi, Tojo & Kakish., Mycoscience 51 (5): 361. 2010.

Pythium heterothallicum W.A. Campb. & F.F. Hendrix, Mycologia 60 (4): 803. 1968.

甘肃（GS）；美国。

甘辉林等 2010。

间型球状孢囊菌［新拟］

Globisporangium intermedium (de Bary) Uzuhashi, Tojo & Kakish., Mycoscience 51 (5): 361. 2010.

Pythium intermedium de Bary, Bot. Ztg. 39: 554. 1881.

中国（具体地点不详）。

高同春等 2001。

不规则球状孢囊菌［新拟］

Globisporangium irregulare (Buisman) Uzuhashi, Tojo & Kakish., Mycoscience 51 (5): 361. 2010.

Pythium irregulare Buisman, Meded. Phytopath. Labor. Willie Commelin Scholten Baarn 11: 38. 1927.

宁夏（NX）、浙江（ZJ）、云南（YN）；印度、日本、黎巴嫩、比利时、德国、意大利、荷兰、英国、南非、加拿大、美国、阿根廷、巴西、澳大利亚、新西兰、巴布亚新几内亚、苏联。

余永年 1987；余永年等 1987；王宽仓等 1992，2009；沈杰和张炳欣 1994，1995；王家和 1997；王国良等 2000；王家和等 2000；Zhuang 2005。

昆明球状孢囊菌［新拟］

Globisporangium kunmingense (Y.N. Yu) Uzuhashi, Tojo & Kakish., Mycoscience 51 (5): 362. 2010.

Pythium kunmingense Y.N. Yu, Acta Microbiol. Sin. 13 (2): 119. 1973.

宁夏（NX）、江苏（JS）、云南（YN）、广西（GX）。

余永年 1973，1987；余永年等 1987；将继志 1992；陈利锋等 1997；付岗等 2005；王宽仓等 2009。

乳突球状孢囊菌［新拟］

Globisporangium mamillatum (Meurs) Uzuhashi, Tojo & Kakish., Mycoscience 51 (5): 362. 2010.

Pythium mamillatum Meurs, Wortelrot, veroorzaakt door Schimmels uit de Gesl. Pythium en Aphanomyces, Proefschr. Univ. Utrecht p 39. 1928.

浙江（ZJ）。

余永年 1987；王国良等 2000。

长井球状孢囊菌［新拟］

Globisporangium nagaii (S. Ito & Tokun.) Uzuhashi, Tojo & Kakish., Mycoscience 51 (5): 362. 2010.

Pythium nagaii S. Ito & Tokun., J. Fac. Agric., Hokkaido Imp. Univ., Sapporo 32 (5): 209. 1933.

云南（YN）；日本、美国。

余永年等 1987。

侧雄球状孢囊菌［新拟］

Globisporangium paroecandrum (Drechsler) Uzuhashi, Tojo & Kakish., Mycoscience 51 (5): 361. 2010.

Pythium paroecandrum Drechsler, J. Wash. Acad. Sci. 20: 406. 1930.

宁夏（NX）、云南（YN）；黎巴嫩、捷克、德国、荷兰、英国、美国、澳大利亚。

余永年 1987；余永年等 1987；王宽仓等 1992，2009；Zhuang 2005。

无序球状孢囊菌［新拟］

Globisporangium perplexum (H. Kouyeas & Theoh.) Uzuhashi, Tojo & Kakish., Mycoscience 51 (5): 362. 2010.

Pythium perplexum H. Kouyeas & Theoh., Annls Inst. Phytopath. Benaki, N.S. 11: 287. 1977.

宁夏（NX）。

王宽仓等 1992，2009；查仙芳等 2005。

层出球状孢囊菌［新拟］

Globisporangium proliferum (Cornu) P.M. Kirk, Index Fungorum 191: 1. 2014.

Pythium middletonii Sparrow, Aquatic Phycomycetes, Edn 2 (Ann Arbor) p 1038. 1960.

云南（YN）；印度、伊拉克、巴基斯坦、捷克、丹麦、法国、德国、冰岛、荷兰、罗马尼亚、英国、埃及、美国、澳大利亚、苏联。

余永年 1987；余永年等 1987。

锦绣球状孢囊菌［新拟］

Globisporangium pulchrum (Minden) Uzuhashi, Tojo & Kakish., Mycoscience 51 (5): 362. 2010.

Pythium pulchrum Minden, in Falck, Falck. Mykol. Unters. 2 (2): 224. 1916.

陕西（SN）、云南（YN）、广西（GX）；伊拉克、日本、捷克、德国、冰岛、阿尔及利亚、美国、巴西、苏联。

余永年 1987；余永年等 1987；付岗等 2005；Zhuang 2005。

喙球状孢囊菌［新拟］

Globisporangium rostratum (E.J. Butler) Uzuhashi, Tojo & Kakish., Mycoscience 51 (5): 363. 2010.

Pythium rostratum E.J. Butler, Memoirs of the Dept. Agric. India, Bot. Ser. 1 (5): 84. 1907.

云南（YN）；印度、黎巴嫩、丹麦、法国、德国、冰岛、荷兰、西班牙、英国、加拿大、美国、阿根廷、新西兰、苏联。

余永年 1987；余永年等 1987；王家和等 2000。

盐球状孢囊菌［新拟］

Globisporangium salinum (Höhnk) Uzuhashi, Tojo & Kakish., Mycoscience 51 (5): 363. 2010.

Pythium salinum Höhnk, Veröff. Inst. Meeresf. Bremerhaven 2: 89. 1953.

陕西（SN）、云南（YN）；德国。

余永年 1987；余永年等 1987；高同春等 2001；Zhuang 2005。

刺球状孢囊菌［新拟］

Globisporangium spinosum (Sawada) Uzuhashi, Tojo & Kakish., Mycoscience 51 (5): 363. 2010.

Pythium spinosum Sawada, Journal of the Natural History Society of Formosa 16: 199. 1926.

陕西（SN）、宁夏（NX）、浙江（ZJ）、云南（YN）、广西（GX）；印度、日本、捷克、荷兰、英国、南非、美国、阿根廷、澳大利亚、新西兰、斐济。

余永年 1987；余永年等 1987；将继志 1992；沈杰和张炳欣 1994，1995；赖传雅等 2000；查仙芳等 2005；付岗等 2005；Zhuang 2005；陈俏彪等 2006；王宽仓等 2009。

华丽球状孢囊菌［新拟］

Globisporangium splendens (Hans Braun) Uzuhashi, Tojo & Kakish., Mycoscience 51 (5): 363. 2010.

Pythium splendens Hans Braun, Journal of Agricultural Research 30: 1061. 1925.

海南（HI）。

谭志琼等 2009。

终极球状孢囊菌［新拟］

Globisporangium ultimum (Trow) Uzuhashi, Tojo & Kakish., Mycoscience 51 (5): 363. 2010.

Pythium ultimum Trow, Ann. Bot., Lond. 15: 300. 1901.

山东（SD）、宁夏（NX）、浙江（ZJ）、湖北（HB）、云南
（YN）、广东（GD）、广西（GX）；日本、菲律宾、土耳
其、捷克、丹麦、法国、德国、希腊、冰岛、荷兰、英国、
刚果（金）、尼日利亚、埃及、肯尼亚、南非、加拿大、美
国、澳大利亚、新西兰、津巴布韦。

段若兰 1985；余永年 1987；余永年等 1987；将继志 1992；
王宽仓等 1992，2009；沈杰和张炳欣 1994，1995；王家
和 1997；王国良等 2000；王家和等 2000；陈捷等 2004；
徐作珽等 2004；付岗等 2005；Zhuang 2005；陈俏彪等
2006；朱双杰和高智谋 2006；李毅和安祖信 2008。

链壶菌属

Lagenidium Schenk, Verh. Phys.-Med. Ges. Würzburg 9: 27.
1857.

大链壶菌

Lagenidium giganteum Couch, Mycologia 27 (4): 376. 1935.
贵州（GZ）。
张克勤等 1996。

卵碟菌属

Ovipoculum Zhu L. Yang & R. Kirschner, Fungal Diversity
43: 58. 2010.

卵碟菌

Ovipoculum album Zhu L. Yang & R. Kirschner, Fungal
Diversity 43: 58. 2010. **Type:** China (Yunnan).
云南（YN）。
Kirschner et al. 2010。

疫腐霉属［新拟］

Phytopythium Abad, De Cock, Bala, Robideau, A.M. Lodhi
& Lévesque, Persoonia 24: 137. 2010.

旋柄疫腐霉［新拟］

Phytopythium helicoides (Drechsler) Abad, de Cock, Bala,
Robideau, Lodhi & Lévesque, Persoonia 34: 37. 2014.
Pythium helicoides Drechsler, J. Wash. Acad. Sci. 20: 413.
1930.
云南（YN）；日本、马来西亚、美国、澳大利亚。
余永年等 1987。

木蓝疫腐霉［新拟］

Phytopythium indigoferae (E.J. Butler) P.M. Kirk, Index
Fungorum 280: 1. 2015.
Pythium indigoferae E.J. Butler, Mem. Dept. Agric. India 1 (5):
73. 1907.
中国（具体地点不详）。
余永年 1987。

钟器疫腐霉

Phytopythium vexans (de Bary) Abad, de Cock, Bala,

Robideau, Lodhi & Lévesque, Persoonia 34: 37. 2014.
Pythium vexans de Bary, Journal of the Royal Horticultural
Society 12: 255. 1876.
陕西（SN）、宁夏（NX）、云南（YN）；印度、印度尼西亚、
伊朗、伊拉克、日本、黎巴嫩、马来西亚、巴基斯坦、捷
克、法国、德国、冰岛、荷兰、马德拉岛（葡）、罗马尼亚、
英国、刚果（金）、南非、乌干达、阿根廷、巴西、加拿大、
美国、澳大利亚、巴布亚新几内亚。
余永年 1987；余永年等 1987；Zhuang 2005；王宽仓等
2009。

腐霉属

Pythium Nees, Nova Acta Phys.-Med. Acad. Caes.
Leop.-Carol. Nat. Cur. 11: 515. 1823.

棘腐霉

Pythium acanthicum Drechsler, J. Wash. Acad. Sci. 20: 408.
1930.
北京（BJ）、新疆（XJ）、广西（GX）。
余永年 1987；王晓鸣等 1994；付岗等 2005；赵思峰等
2009。

黏腐霉

Pythium adhaerens Sparrow, Ann. Bot., Lond. 45: 258. 1931.
中国（具体地点不详）。
余永年 1987。

孤雌腐霉

Pythium amasculinum Y.N. Yu, Acta Microbiol. Sin. 13 (2):
118. 1973. **Type:** China (Yunnan).
北京（BJ）、云南（YN）、广西（GX）。
余永年 1973，1987；余永年等 1987；付岗等 2005。

瓜果腐霉

Pythium aphanidermatum (Edson) Fitzp., Mycologia 15 (4):
168. 1923.
吉林（JL）、辽宁（LN）、内蒙古（NM）、河北（HEB）、
北京（BJ）、山西（SX）、山东（SD）、陕西（SN）、宁
夏（NX）、新疆（XJ）、浙江（ZJ）、湖北（HB）、四川
（SC）、云南（YN）、广东（GD）、广西（GX）；塞浦路
斯、印度、印度尼西亚、伊朗、伊拉克、以色列、日本、
马来西亚、巴基斯坦、巴勒斯坦、菲律宾、斯里兰卡、
奥地利、捷克、希腊、意大利、荷兰、波兰、英国、加
纳、肯尼亚、马拉维、南非、苏丹、多哥、古巴、美国、
委内瑞拉、澳大利亚、新西兰、巴布亚新几内亚、苏联、
津巴布韦。
韦石泉 1982；徐作珽和张传模 1985；余永年 1987；余永
年等 1987；孙树权等 1988；宋佐衡等 1990，1993；陈捷
和朱有钲 1991；将继志 1992；孙秀华等 1992；王宽仓等
1992，2009；贾菊生和胡守智 1994；王晓鸣等 1994；沈
杰和张炳欣 1995；张超冲 1995；王家和 1997；刘爱媛

1998；崔泳汉等 1999；王国良等 2000；王家和等 2000；
吉牛拉惹等 2002；赵思峰等 2002，2009；刘晓妹等 2003；
付岗等 2005；Zhuang 2005；莫生华等 2007；曹荣花等
2008；李毅和安祖信 2008。

浮游腐霉

Pythium aquatile Höhnk, Veröff. Inst. Meeresf. Bremerhaven
2: 94. 1953. **Type:** Germany.

广西（GX）；德国。

付岗等 2005。

强雄腐霉

Pythium arrhenomanes Drechsler, Phytopathology 18 (10):
874. 1928.

北京（BJ）。

王晓鸣等 1994。

百色腐霉

Pythium baisense Y.Y. Long, J.G. Wei & L.D. Guo, Mycol.
Progr. 11: 691. 2012. **Type:** China (Guangxi).

广西（GX）。

Long et al. 2012。

短枝腐霉

Pythium breve Y.Y. Long, J.G. Wei & L.D. Guo, Mycol. Progr.
11: 691. 2012. **Type:** China (Guangxi).

广西（GX）。

Long et al. 2012。

色孢腐霉

Pythium coloratum Vaartaja, Mycologia 57 (3): 417. 1965.
Type: South Australia.

中国（具体地点不详）；澳大利亚。

余永年 1987。

壁合腐霉

Pythium connatum Y.N. Yu, Acta Microbiol. Sin. 13 (2): 118.
1973. **Type:** China (Hubei).

天津（TJ）、湖北（HB）。

余永年 1973，1987。

德里腐霉

Pythium deliense Meurs, Phytopath. Z. 7: 176. 1934.
Pythium indicum M.S. Balakr., Proc. Indian Acad. Sci., Pl. Sci.
27 (6): 172. 1948.

浙江（ZJ）、云南（YN）、广西（GX）；印度、马来西亚、
法国、尼加拉瓜、巴布亚新几内亚。

余永年 1987；余永年等 1987；王国良等 2000；付岗等
2005。

异丝腐霉

Pythium diclinum Tokun., in Ito & Tokunaga, Trans. Sapporo
Nat. Hist. Soc. 14 (1): 12. 1935.

Pythium gracile Schenk, Verh. Phys.-Med. Ges. Würzburg
p 13. 1859.

中国（具体地点不详）。

余永年 1987。

宽雄腐霉

Pythium dissotocum Drechsler, J. Wash. Acad. Sci. 20: 402.
1930.

宁夏（NX）、浙江（ZJ）、广西（GX）。

余永年 1987；将继志 1992；沈杰和张炳欣 1994；查仙芳
等 2005；付岗等 2005；王宽仓等 2009。

缺性腐霉

Pythium elongatum V.D. Matthews, Stud. genus *Pythium*
p 106. 1931.

陕西（SN）、甘肃（GS）、广西（GX）。

余永年 1987；刘铸德 1992；付岗等 2005。

镰雄腐霉

Pythium falciforme G.Q. Yuan & C.Y. Lai, Mycosystema 22
(3): 380. 2003. **Type:** China (Guangxi).

广西（GX）。

袁高庆和赖传雅 2003；付岗等 2005。

禾生腐霉

Pythium graminicola Subraman., Bull. Agric. Res. Inst. Pus.
177: 1. 1928.

黑龙江（HL）、北京（BJ）、江苏（JS）、浙江（ZJ）、湖北
（HB）、广西（GX）。

吴全安等 1990；张瑞英和张坪 1993；王晓鸣等 1994；陈
绍江等 1997；朱华等 1997；王国良等 2000；付岗等 2005；
李毅和安祖信 2008。

广西腐霉［新拟］

Pythium guangxiense Y.Y. Long & J.G. Wei, Mycosystema
29 (6): 797. 2010. **Type:** China (Guangxi).

广西（GX）。

龙艳艳等 2010。

贵阳腐霉［新拟］

Pythium guiyangense X.Q. Su, Mycosystema 25 (4): 524.
2006. **Type:** China (Guizhou).

贵州（GZ）。

苏晓庆 2006。

逸见腐霉

Pythium hemmianum M. Takah., Ann. Phytopath. Soc. Japan
18: 117. 1954. **Type:** Japan.

四川（SC）、重庆（CQ）；日本。

余永年 1987；张镜和黄治远 1993。

齿孢腐霉

Pythium hydnosporum (Mont.) J. Schröt., in de Bary, Abh.

Senckenb. Naturforsch. Ges. 12: 19. 1879.

四川（SC）、重庆（CQ）。

张镜和黄治远 1993；张镜等 1994。

下雄腐霉

Pythium hypoandrum Y.N. Yu & Y.L. Wang, in Yu, Ma & Wang, Acta Bot. Yunn. 9 (2): 135. 1987. **Type:** China (Yunnan).

云南（YN）。

余永年等 1987。

肿囊腐霉

Pythium inflatum V.D. Matthews, Stud. genus *Pythium* p 45. 1931.

黑龙江（HL）、吉林（JL）、辽宁（LN）、河北（HEB）、北京（BJ）、山西（SX）、山东（SD）、陕西（SN）、甘肃（GS）、江苏（JS）、浙江（ZJ）。

王晓鸣等 1994；陈绍江等 1997；朱华等 1997；王富荣和石秀清 2000。

腐霉

Pythium monospermum Pringsh., Jb. Wiss. Bot. 1: 288. 1858.

新疆（XJ）。

余永年 1987；赵思峰等 2002，2009。

群结腐霉

Pythium myriotylum Drechsler, J. Wash. Acad. Sci. 20: 404. 1930.

广东（GD）。

段若兰 1985。

南宁腐霉

Pythium nanningense C.Y. Lai & G.Q. Yuan, in Yuan & Lai, Mycosystema 22 (3): 381. 2003. **Type:** China (Guangxi).

广西（GX）。

袁高庆和赖传雅 2003；付岗等 2005。

寡雄腐霉

Pythium oligandrum Drechsler, J. Wash. Acad. Sci. 20: 409. 1930.

北京（BJ）、宁夏（NX）、广东（GD）。

段若兰 1985；贺水山等 1992；王宽仓等 1992，2009；王晓鸣等 1994；楼兵干和张炳欣 2005；Zhuang 2005；胡小倩等 2009。

卵突腐霉

Pythium oopapillum Bala & Lévesque, Persoonia 25: 23. 2010. **Type:** Canada (Alberta).

广西（GX）；加拿大。

龙艳艳等 2013。

稻腐霉

Pythium oryzae S. Ito & Tokun., J. Fac. Agric., Hokkaido

Imp. Univ., Sapporo 32 (5): 201. 1933.

辽宁（LN）。

韦石泉 1982。

周雄腐霉

Pythium periilum Drechsler, J. Wash. Acad. Sci. 20: 403. 1930.

云南（YN）；印度、美国、澳大利亚。

余永年等 1987。

缠器腐霉

Pythium periplocum Drechsler, J. Wash. Acad. Sci. 20: 405. 1930.

宁夏（NX）。

余永年 1987；王宽仓等 1992，2009；Zhuang 2005。

多卵腐霉

Pythium plurisporium Abad, Shew, Grand & L.T. Lucas, Mycologia 87 (6): 897. 1996 [1995]. **Type:** United States (North Carolina).

广西（GX）；美国。

龙艳艳等 2013。

多突腐霉

Pythium polypapillatum Takesi Itô, J. Jap. Bot. 20: 58. 1944. **Type:** Japan.

浙江（ZJ）；日本。

沈杰和张炳欣 1994。

号柄腐霉

Pythium salpingophorum Drechsler, J. Wash. Acad. Sci. 20: 407. 1930.

宁夏（NX）。

Zhuang 2005；王宽仓等 2009。

中国腐霉

Pythium sinense Y.N. Yu, Acta Microbiol. Sin. 13 (2): 121. 1973. **Type:** China (Beijing).

北京（BJ）、陕西（SN）、云南（YN）。

余永年 1973，1987；余永年等 1987；Zhuang 2005。

四季腐霉

Pythium sukuiense W.H. Ko, Shin Y. Wang & Ann, Mycologia 96 (3): 647. 2004. **Type:** China (Taiwan).

台湾（TW）。

Ko et al. 2004。

缓生腐霉

Pythium tardicrescens Vanterp., Ann. Appl. Biol. 25: 533. 1938.

浙江（ZJ）。

沈杰和张炳欣 1995。

簇囊腐霉

Pythium torulosum Coker & P. Patt., J. Elisha Mitchell

Scient. Soc. 42 (3-4): 247. 1927.

云南（YN）；日本、黎巴嫩、捷克、德国、希腊、冰岛、荷兰、西班牙、英国、加拿大、美国、阿根廷、澳大利亚、新西兰、苏联。

余永年 1987；余永年等 1987。

亚腐霉科 Pythiogetonaceae M.W. Dick

亚腐霉属

Pythiogeton Minden, Mykol. Untersuch. Ber. 1: 241. 1916.

多量亚腐霉［新拟］

Pythiogeton abundans J.H. Huang, Chi Y. Chen & Yi S. Lin, in Huang, Chen, Lin, Ann, Huang & Chung, Mycoscience 54 (2): 132. 2013. **Type:** China (Taiwan).

台湾（TW）。

Huang et al. 2013。

微孢亚腐霉［新拟］

Pythiogeton microzoosporum J.H. Huang, Chi Y. Chen & Yi S. Lin, in Huang, Chen, Lin, Ann, Huang & Chung, Mycoscience 54 (2): 132. 2013. **Type:** China (Taiwan).

台湾（TW）。

Huang et al. 2013。

矩圆亚腐霉［新拟］

Pythiogeton oblongilobum J.H. Huang, Chi Y. Chen & Yi S. Lin, in Huang, Chen, Lin, Ann, Huang & Chung, Mycoscience 54 (2): 134. 2013. **Type:** China (Taiwan).

台湾（TW）。

Huang et al. 2013。

稀孢亚腐霉［新拟］

Pythiogeton paucisporum J.H. Huang, Chi Y. Chen & Yi S. Lin, in Huang, Chen, Lin, Ann, Huang & Chung, Mycoscience 54 (2): 136. 2013. **Type:** China (Taiwan).

台湾（TW）。

Huang et al. 2013。

层出亚腐霉［新拟］

Pythiogeton proliferatum J.H. Huang, Chi Y. Chen & Yi S. Lin, in Huang, Chen, Lin, Ann, Huang & Chung, Mycoscience 54 (2): 137. 2013. **Type:** China (Taiwan).

台湾（TW）。

Huang et al. 2013。

普里华亚腐霉［新拟］

Pythiogeton puliense J.H. Huang & Y.H. Lin [as'puliensis'], in Huang, Chen, Lin, Ann, Huang & Chung, Mycoscience 54 (2): 139. 2013.

台湾（TW）。

Huang et al. 2013。

多枝亚腐霉

Pythiogeton ramosum Minden, in Falck, Mykol. Untersuch. Ber. 1: 243. 1916.

台湾（TW）。

Huang et al. 2013。

球囊亚腐霉

Pythiogeton uniforme A. Lund, Mém. Acad. Roy. Sci. Lett. Danemark, Copenhague, Sect. Sci., 9 Série 6: 54. 1934.

台湾（TW）。

Huang et al. 2013。

菰亚腐霉［新拟］

Pythiogeton zizaniae Ann & J.H. Huang, in Ann, Huang, Wang & Ko, Mycologia 98 (1): 117. 2006.

台湾（TW）。

Ann et al. 2006；Huang et al. 2013。

水霉目 Saprolegniales E. Fisch.

细囊霉科［新拟］Leptolegniaceae M.W. Dick

丝囊霉属

Aphanomyces de Bary, Jb. Wiss. Bot. 2: 178. 1860.

螺壳状丝囊霉

Aphanomyces cochlioides Drechsler, J. Agric. Res., Washington 38: 326. 1929.

宁夏（NX）。

查仙芳等 2005；王宽仓等 2009。

根腐丝囊霉

Aphanomyces euteiches Drechsler, J. Agric. Res., Washington 30: 311. 1925.

宁夏（NX）、甘肃（GS）、云南（YN）。

唐德志等 1991；王家和等 2000；查仙芳等 2005；朱双杰和高智谋 2006；王宽仓等 2009。

光卵丝囊霉

Aphanomyces laevis de Bary, Jb. Wiss. Bot. 2: 179. 1860.

辽宁（LN）、北京（BJ）。

余永年和梁枝荣 1983；宋镇庆等 1994。

丝囊霉

Aphanomyces stellatus de Bary, Jb. Wiss. Bot. 2: 178. 1860.

辽宁（LN）。

宋镇庆等 1994。

细囊霉属

Leptolegnia de Bary, Bot. Ztg. 46: 609. 1888.

尾细囊霉

Leptolegnia caudata de Bary, Bot. Ztg. 46: 609. 1888. **Type:**

Germany.

辽宁（LN）、云南（YN）；德国。

杨发蓉 1992；宋镇庆等 1994。

细囊霉

Leptolegnia subterranea Coker & J.V. Harv., J. Elisha Mitchell Scient. Soc. 41: 158. 1925.

云南（YN）。

杨发蓉和丁骅孙 1986。

水霉科 Saprolegniaceae Kütz. ex Warm.

绵霉属

Achlya Nees, Nova Acta Phys.-Med. Acad. Caes. Leop.-Carol. Nat. Cur. 11: 514. 1823.

含糊绵霉

Achlya ambisexualis Raper, Am. J. Bot. 26: 641. 1939.

辽宁（LN）。

宋镇庆等 1994。

美洲绵霉

Achlya americana Humphrey, Trans. Am. Phil. Soc., New Series 17: 116. 1893 [1892].

辽宁（LN）、北京（BJ）。

余永年和梁枝荣 1983；宋镇庆等 1994。

显著绵霉

Achlya conspicua Coker, Saprolegniaceae with Notes on Other Water Molds p 131. 1923.

辽宁（LN）。

宋镇庆等 1994。

圆齿绵霉［新拟］

Achlya crenulata Ziegler, Mycologia 40 (3): 336. 1948. **Type:** United States (Carolina).

台湾（TW）；美国。

Volz et al. 1974。

德巴利绵霉

Achlya debaryana Humphrey, Trans. Am. Phil. Soc., New Series 17: 117. 1893 [1892].

Achlya polyandra Hildebr., Jb. Wiss. Bot. 6: 258. 1867.

辽宁（LN）、北京（BJ）。

余永年和梁枝荣 1983；宋镇庆等 1994。

鞭绵霉

Achlya flagellata Coker, Saprolegniaceae with Notes on Other Water Molds p 116. 1923.

辽宁（LN）、云南（YN）、台湾（TW）。

Volz et al. 1974；宋镇庆等 1994；王家和等 2000。

异丝绵霉

Achlya klebsiana Pieters, Bot. Gaz. 60 (6): 486. 1915.

辽宁（LN）、新疆（XJ）。

贾菊生和胡守智 1994；宋镇庆等 1994。

原绵绵霉［新拟］

Achlya primoachlya (Coker & Couch) T.W. Johnson & R.L. Seym., Mycotaxon 92: 20. 2005.

Thraustotheca primoachlya Coker & Couch, J. Elisha Mitchell Scient. Soc. 40 (3-4): 198. 1924.

辽宁（LN）。

宋镇庆等 1994。

层出绵霉

Achlya prolifera Nees, in Carus, Nova Acta Phys.-Med. Acad. Caes. Leop.-Carol. Nat. Cur. 11: 514. 1823.

辽宁（LN）、云南（YN）、台湾（TW）。

Volz et al. 1974；臧穆 1980；宋镇庆等 1994。

拟层出绵霉

Achlya proliferoides Coker, Saprolegniaceae with Notes on Other Water Molds p 115. 1923.

辽宁（LN）、北京（BJ）。

余永年和梁枝荣 1983；宋镇庆等 1994。

总状绵霉

Achlya racemosa Hildebr., Pringsheims Jb. Wissenschaftl. Botanik 6: 61. 1867.

辽宁（LN）、北京（BJ）、云南（YN）。

臧穆 1980；余永年和梁枝荣 1983；宋镇庆等 1994。

解水霉属

Brevilegnia Coker & Couch, J. Elisha Mitchell Scient. Soc. 42 (3-4): 212. 1927.

亚棒囊解水霉

Brevilegnia subclavata Couch, J. Elisha Mitchell Scient. Soc. 42 (3-4): 229. 1927.

北京（BJ）。

余永年和梁枝荣 1983。

集孢霉属

Calyptralegnia Coker, J. Elisha Mitchell Scient. Soc. 42 (3-4): 219. 1927.

集孢霉

Calyptralegnia achlyoides (Coker & Couch) Coker, J. Elisha Mitchell Scient. Soc. 42 (3-4): 219. 1927.

辽宁（LN）。

宋镇庆等 1994。

河岸集孢霉

Calyptralegnia ripariensis Höhnk, Veröff. Inst. Meeresf. Bremerhaven 2 (2): 232. 1953. **Type:** Germany.

北京（BJ）；德国。

余永年和梁枝荣 1983。

网囊霉属

Dictyuchus Leitg., Bot. Ztg. 26: 503. 1868.

异形网囊霉

Dictyuchus anomalus Nagai, J. Fac. Agric., Hokkaido Imp. Univ., Sapporo 32 (1): 28. 1931.
辽宁（LN）。
韦石泉 1982。

马格网囊霉

Dictyuchus magnusii Lindst., Syn. Saprolegniaceen und Beobachtungen Über Einige Arten p 58. 1872.
辽宁（LN）。
宋镇庆等 1994。

密苏里网囊霉

Dictyuchus missouriensis Couch, J. Elisha Mitchell Scient. Soc. 46 (2): 227. 1931.
辽宁（LN）。
宋镇庆等 1994。

单孢网囊霉

Dictyuchus monosporus Leitg., Jb. Wiss. Bot. 7: 374. 1870.
辽宁（LN）、北京（BJ）、云南（YN）。
韦石泉 1982；余永年和梁枝荣 1983；杨发蓉和丁骅孙 1986。

不孕网囊霉

Dictyuchus sterilis Coker [as 'sterile'], Saprolegniaceae with Notes on Other Water Molds p 151. 1923.
辽宁（LN）。
宋镇庆等 1994。

纽比水霉属［新拟］

Newbya M.W. Dick & Mark A. Spencer, Mycol. Res. 106 (5): 558. 2002.

长圆纽比水霉［新拟］

Newbya oblongata (de Bary) Mark A. Spencer, in Spencer, Vick & Dick, Mycol. Res. 106 (5): 559. 2002.
Achlya oblongata de Bary, Bot. Ztg. 46: 645. 1888.
辽宁（LN）、北京（BJ）。
余永年和梁枝荣 1983；宋镇庆等 1994。

原绵霉属

Protoachlya Coker, Saprolegniaceae with Notes on Other Water Molds p 90. 1923.

多孢原绵霉［新拟］

Protoachlya polyspora (Lindst.) Apinis, Acta Hort. Bot. Univ. Latviens 4: 224. 1930 [1929].
Dictyuchus polysporus Lindst., Syn. Saprolegniaceen und Beobachtungen Über Einige Arten p 58. 1872.
辽宁（LN）。

宋镇庆等 1994。

水霉属

Saprolegnia Nees, Nova Acta Phys.-Med. Acad. Caes. Leop.-Carol. Nat. Cur. 11: 513. 1823.

斑马鱼水霉［新拟］

Saprolegnia brachydanionis X.L. Ke, J.G. Wang, Ze M. Gu, Ming Li & X.N. Gong [as 'brachydanis'], Mycopathologia 167 (2): 108. 2009.
湖北（HB）。
Ke et al. 2009。

细丝水霉

Saprolegnia delica Coker, Saprolegniaceae with Notes on Other Water Molds p 30. 1923.
云南（YN）。
杨发蓉和丁骅孙 1986。

异丝水霉

Saprolegnia diclina Humphrey, Trans. Am. Phil. Soc., New Series 17: 13. 1893 [1892].
辽宁（LN）。
宋镇庆等 1994。

多卵水霉

Saprolegnia ferax (Gruith.) Kütz., Phycol. General. p 157. 1843.
辽宁（LN）、北京（BJ）、云南（YN）。
余永年和梁枝荣 1983；杨发蓉和丁骅孙 1986；杨发蓉 1992；宋镇庆等 1994。

团集水霉［新拟］

Saprolegnia glomerata (Tiesenh.) A. Lund, Mém. Acad. Roy. Sci. Lett. Danemark, Copenhague, Sect. Sci., 9 Série 5 (1): 14. 1934.
Saprolegnia monoica var. *glomerata* Tiesenh., Atlas Holubinek 7: 277. 1912.
辽宁（LN）。
宋镇庆等 1994。

基雄水霉

Saprolegnia hypogyna (Pringsh.) Pringsh., Jb. Wiss. Bot. 9: 232. 1874 [1873-1874].
辽宁（LN）。
宋镇庆等 1994。

拉伯兰水霉

Saprolegnia lapponica Gäum., Bot. Notiser p 156. 1918.
辽宁（LN）。
宋镇庆等 1994。

同丝水霉

Saprolegnia monoica Pringsh., Jb. Wiss. Bot. 1: 292. 1858.
辽宁（LN）。

宋镇庆等　1994。

瑟特水霉

Saprolegnia thuretii de Bary [as 'thureti']. 1870.
辽宁（LN）。
宋镇庆等　1994。

联孢水霉[新拟]

Saprolegnia unispora (Coker & Couch) R.L. Seym., Nova Hedwigia 19 (1-2): 57. 1970.
台湾（TW）。
Volz et al. 1974。

植黏菌纲　Phytomyxea Engl. & Prantl

原质目　Plasmodiophorida F. Stevens

原质科　Plasmodiophoridae Zopf ex Berl.

根肿菌属

Plasmodiophora Woronin, Trudy S. Petersb. Obschch. Est. Otd. Bot. 8: 169. 1877.

芸苔根肿菌

Plasmodiophora brassicae Woronin, Pringsheims Jb. Wissenschaftl. Botanik 11: 548. 1877. **Type:** Germany.
新疆（XJ）、四川（SC）、贵州（GZ）、云南（YN）、西藏（XZ）；德国。
臧穆 1980；贾菊生和胡守智 1994；吉牛拉惹等 2002；陈丽珍和李才彦 2004；Zhuang 2005。

多黏霉属

Polymyxa Ledingham, Phytopathology 23: 20. 1933.

甜菜多黏霉

Polymyxa betae Keskin, Arch. Mikrobiol. 49: 370. 1964. **Type:** Germany.
宁夏（NX）；德国。
王宽仓等 2009。

多黏霉

Polymyxa graminis Ledingham, Phytopathology 23: 20. 1933.
黑龙江（HL）、吉林（JL）、辽宁（LN）、内蒙古（NM）、河北（HEB）、北京（BJ）、山东（SD）、河南（HEN）、陕西（SN）、青海（QH）、新疆（XJ）、安徽（AH）、江苏（JS）、上海（SH）、浙江（ZJ）、江西（JX）、湖南（HN）、湖北（HB）、四川（SC）、贵州（GZ）、云南（YN）、福建（FJ）、广东（GD）；印度、日本、约旦、韩国、比利时、保加利亚、丹麦、法国、德国、意大利、荷兰、罗马尼亚、俄罗斯、西班牙、瑞典、瑞士、乌克兰、英国、布基纳法索、科特迪瓦、冈比亚、塞内加尔、加拿大、美国、巴西、新西兰。
阮义理和林美琛 1987；阮义理等 1999。

粉痂菌属

Spongospora Brunch., Bergens Mus. Årb. 1886: 219. 1887 [1886].

马铃薯粉痂菌

Spongospora subterranea (Wallr.) Lagerh., J. Mycol. 7 (2): 104. 1892.
宁夏（NX）、甘肃（GS）。
Zhuang 2005；王宽仓等 2009。

原柄菌纲　Protostelea L.S. Olive

原柄菌目　Protostelida L.S. Olive

鹅绒菌科　Ceratiomyxaceae J. Schröt.

鹅绒菌属

Ceratiomyxa J. Schröt., in Engler & Prantl, Nat. Pflanzenfam., Teil. I (Leipzig) 1: 16. 1889.

簇实鹅绒菌原变种

Ceratiomyxa fruticulosa var. **fruticulosa** (O.F. Müll.) T. Macbr., N. Amer. Slime-Moulds (New York) p 18. 1899.
Ceratiomyxa fruticulosa (O.F. Müll.) T. Macbr., N. Amer. Slime-Moulds (New York) p 18. 1899.

Ceratiomyxa fruticulosa f. *fruticulosa* (O.F. Müll.) T. Macbr., N. Amer. Slime-Moulds (New York) p 18. 1899.

Ceratiomyxa fruticulosa var. *flexuosa* (Lister) G. Lister, in Lister, Monogr. Mycetozoa, Edn 2 (London) p 26. 1911.

黑龙江（HL）、吉林（JL）、辽宁（LN）、内蒙古（NM）、河北（HEB）、河南（HEN）、陕西（SN）、甘肃（GS）、青海（QH）、新疆（XJ）、江苏（JS）、江西（JX）、湖南（HN）、四川（SC）、贵州（GZ）、云南（YN）、西藏（XZ）、福建（FJ）、台湾（TW）、广东（GD）、广西（GX）、海南（HI）；日本、牙买加、墨西哥、美国、澳大利亚；欧洲、美洲。

黄年来等 1981；刘宗麟 1982；Liu 1983；中科院登山科考队 1985；陈双林等 1994，2009，2010；王琦等 1994；Chen et al. 1999；李玉等 2001；图力古尔和李玉 2001a；Liu et al. 2002b；陈双林 2002；Tolgor et al. 2003a，2003b；王琦和李玉 2004；杨乐等 2004b；陈萍等 2005；Zhuang 2005；徐美琴等 2006；李玉 2007a；潘景芝等 2009；戴群等

2010；刘福杰等 2010；闫淑珍等 2010；陈小妹等 2011；李明和李玉 2011；朱鹤等 2013。

羊肚鹅绒菌

Ceratiomyxa morchella A.L. Welden, Mycologia 46 (1): 94. 1954.

福建（FJ）。

黄年来等 1981。

蛛形鹅绒菌［新拟］

Ceratiomyxa porioides (Alb. & Schwein.) J. Schröt., in Engler & Prantl, Nat. Pflanzenfam., Teil. I (Leipzig) 1: 16. 1889.

Ceratiomyxa fruticulosa var. *porioides* (Alb. & Schwein.) G. Lister, in Lister, Monogr. Mycetozoa, Edn 2 (London) p 26. 1911.

河北（HEB）、台湾（TW）、海南（HI）。

李玉等 2001；Tolgor et al. 2003a。

参 考 文 献

白宏彩, 程秀英, 孟有儒. 1985. 盘梗霉属一新种——甜菜盘梗霉. 真菌学报, 4 (3): 141-143.

白宏彩, 程秀英, 王生荣. 1991. 甘肃省霜霉菌 (Peronosporaceae) 初步研究. 甘肃农业大学学报, 2 (2): 180-183.

白金铠, 李玉. 1980. 我国霜霉菌一个新记录种——苍耳霜霉菌. 吉林农业大学学报, 1980 (1): 17.

白金铠, 梁景颐, 李玉, 张凌宇, 孙军德. 1987. 内蒙古阿尔山真菌种类资源调查. 沈阳农业大学学报, 18 (3): 59-63.

白容霖. 1983. 集胞菌的初步研究. 真菌学报, 2 (3): 173-178.

白容霖. 2002. 人参 9 种病害的症状和病原物. 吉林农业大学学报, 24 (2): 78-81.

白容霖, 刘学敏, 刘伟成. 1999. 吉林省人参根腐病病原真菌种类的研究. 植物病理学报, 29 (3): 285.

Bolkan HA, 邓先明. 1986. 蕃茄疫霉根腐病抗病性的温室鉴定技术. 植物医生, (2): 17.

蔡若鹏, 李晨, 王晓丽, 李玉. 2014. 黏菌生活周期不同阶段细胞核的观察. 菌物研究, 12 (1): 41-43.

曹荣花, 刘晓光, 高克祥, Mendgen K, 康振生. 2008. 芦苇内生真菌 *Choiromyces aboriginum* M1w1c6 的拮抗作用及其生物防治潜力. 植物保护学报, 35 (2): 107-112.

陈方新, 高智谋, 齐永霞, 马国胜. 2001. 安徽省棉铃疫病菌的鉴定及生物学特性研究. 安徽农业大学学报, 28 (3): 227-231.

陈方新, 高智谋, 齐永霞, 吴红星, 吴向辉. 2004. 棉铃疫病菌对甲霜灵的抗药性风险研究. 植物保护, 30 (5): 44-47.

陈嘉孚, 陆世英, 杨治华. 1984. 小麦、水稻霜霉病交互接种及其侵染条件试验. 植物保护, 10 (1): 10-11.

陈捷, Harman GG, Comis A, 程根武, 刘海南. 2004. 哈茨木霉菌 (*Trichoderma harzianum*) 和终极腐霉菌 (*Pythium ultimum*) 对玉米蛋白质组的影响 (Ⅰ) (英文). 植物病理学报, 34 (4): 319-328.

陈捷, 朱有红. 1991. 高粱苗病的病原学研究. 植物病理学报, 21 (2): 95-99.

陈丽莉. 2010. 荔波县水稻霜霉病的发生与防治对策. 植物医生, 23 (4): 8-9.

陈丽珍, 李才彦. 2004. 威宁发现十字花科根肿病. 植物医生, 17 (5): 11.

陈利锋, 王静之, 徐雍皋. 1997. 杜鹃茎基腐病病原菌的鉴定. 植物保护学报, 24 (3): 254-256.

陈萍, 徐美琴, 李玉, 陈双林. 2005. 云南黏菌汇录. 菌物研究, 3 (4): 1-8.

陈俏彪, 吴全聪, 吴应淼. 2006. 浙江省代料香菇病虫害调查. 食用菌学报, 13 (2): 69-73.

陈庆河, 翁启勇, 谢世勇, 兰成忠, 卢同. 2004. 福建省致病疫霉交配型分布及对甲霜灵的抗药性. 植物保护学报, 31 (2): 151-156.

陈秋萍. 2000. 福建省百合病害调查初报. 福建林学院学报, 20 (2): 97-100.

陈绍江, 宋同明, 吴全安. 1997. 玉米青枯病病原腐霉对其伴生镰刀菌的影响. 植物病理学报, 27 (3): 251-256.

陈树旋. 1983. 玉米指梗霉的一个新野生寄主——甜根子草. 植物保护, 9 (6): 33.

陈双林. 2002. 广西粘菌考录. 广西植物, 22 (4): 292-296.

陈双林, 戴群, 陈萍, 李玉. 2009. 甘肃白龙江中上游流域的黏菌 (英文). 菌物学报, 28 (1): 86-91.

陈双林, 李玉. 1995. 粘菌湿室培养的初步研究. 吉林农业大学学报, 17 (3): 33-37.

陈双林, 李玉. 1998. 中国绒泡菌属黏菌的分类学研究 Ⅰ. 产自东北的三个新种. 菌物系统, 17 (4): 289-293.

陈双林, 李玉. 2000. 中国绒泡菌属的分类学研究Ⅲ. 散见于中国几个省的特殊种 (英文). 菌物系统, 19 (3): 328-335.

陈双林, 李玉. 2009. 绒泡黏菌属下分类等级的新安排. 菌物研究, 7 (Z1): 135-141.

陈双林, 李玉, 高文臣. 1994. 内蒙古东部林区粘菌资源初报. 吉林农业大学学报, 16 (3): 7-21.

陈双林, 李玉, 李惠中, 王大鹏. 1999a. 湖南省张家界粘菌初报. 武汉植物学研究, 17 (3-4): 217-219.

陈双林, 李玉, 李惠中. 1999b. 中国绒泡菌属的分类学研究Ⅱ. 产自新疆的新种和稀有种. 菌物系统, 18 (4): 343-348.

陈双林, 闫淑珍, 李玉. 2010. 中国西藏黏菌记录 (英文). 菌物学报, 29 (6): 845-851.

陈双林, 钟成刚, 吴鸣谦, 李玉. 2008. 发网菌目黏菌子实体微量元素的初步分析. 菌物研究, 6 (4): 220-225.

陈卫民, 王念平, 巴努姆, 夏正汉. 1999. 新疆发现大豆霜霉病. 植物保护, 1999 (1): 49.

陈卫民, 张中义, 马俊义, 焦子伟. 2006. 国内新病害——新疆向日葵白锈病发生研究. 云南农业大学学报, 21 (2): 184-187.

陈锡林, 熊耀康, 吕圭源, 浦锦宝, 李爱平. 2000. 浙江菌类药资源调查及利用研究初报. 中国野生植物资源, 19 (1): 24-26, 29.

陈小姝, 谷硕, 宋晓霞, 李姝, 王琦, 李玉. 2011. 长春地区黏菌区系特征. 菌物学报, 30 (5): 799-807.

陈耀, 木合达尔, 阿力甫. 1987. 新疆牧草真菌病害新记录. 八一农学院学报, 33 (3): 19-26.

成家壮. 1992. 广州地区为害黄瓜的疫霉菌及其致病性的研究. 植物保护, 18 (1): 12-13.

成家壮, 韦小燕. 1999. 眉豆疫病的病原鉴定及药剂防治. 植物保护学报, 26 (2): 129-132.

成家壮, 韦小燕. 2000. 花卉及观赏植物上疫霉种的鉴定. 植物病理学报, 30 (3): 279.

成家壮, 韦小燕. 2003. 菠萝心腐病原疫霉种的鉴定. 云南农业大学学报, 18 (2): 134-135.

成家壮, 韦小燕, 范怀忠. 2004. 广东柑橘疫霉研究. 华南农业大学学报 (自然科学版), 25 (2): 31-33.

程秀英, 白宏彩. 1986. 霜霉一新种——薄荷霜霉. 真菌学报, 5 (3): 135-137.

程沄, 沈崇尧, 段道怀. 1988. 青椒疫菌为北京地区青椒死秧的主要原因. 植物病理学报, 18 (1): 7-12.

褚菊征, 曹秀菊, 刘怀祥, 王雅儒, 段春兰, 宋燕春. 1996. 粟白发病抗病性研究 II 我国粟白发病菌生理小种及其分布. 植物病理学报, 26 (2): 145-151.

崔泳汉, 李东光, 华致甫, 袁美丽. 1999. 吉林省烟草侵染性病害名录. 吉林农业大学学报, 21 (2): 30-33.

戴群, 陈双林, 陈萍, 徐美琴, 周松林. 2010. 贵州黏菌初报. 广西植物, 30 (5): 616-620.

戴玉成, 杨祝良. 2008. 中国药用真菌名录及部分名称的修订. 菌物学报, 27 (6): 801-824.

戴肇英, 张超冲. 1988. 席草疫病研究初报. 广西植保, (1): 32-35.

戴肇英, 张超冲. 1990. 莎草疫霉在中国大陆的新记录. 真菌学报, 9 (3): 236-238.

邓先明, 刘光珍, 秦森荣. 2001. 20%代森铵水剂防治黄瓜霜霉病大田试验结果. 植物医生, 14 (5): 41-42.

丁学义, 黄声玉. 1997. 油榄颈腐病的发生与防治. 植物保护, 23 (6): 42.

杜复, 刘波, 李宗英, 袁丕钢. 1983. 山西大学生物系真菌名录 (续二). 山西大学学报 (自然科学版), (3): 75-91.

杜晓英, 潘汝谦, 徐汉虹. 2008. 三峡地区 5 种中国特有植物的杀虫和抗菌活性. 植物保护, 34 (6): 88-91.

段若兰. 1985. 腐霉属的一个新种和二个新记录. 真菌学报, 4 (1): 1-4.

付岗, 丁彩平, 黄思良, 陆少峰, 李卫民, 岑贞陆. 2006. 韭菜绵疫病病原鉴定及其主要生物学特性. 广西农业生物科学, 25 (2): 140-141, 159.

付岗, 赖传雅, 袁高庆, 韦继光. 2005. 广西北部地区腐霉种类和地理分布研究. 菌物学报, 24 (3): 330-335.

盖玉红, 魏健, 王晓丽. 2013. 无饲培养细柄半网菌 Hemitrichia calyculata (英文). 菌物研究, 11 (4): 256-260.

甘辉林, 柴兆祥, 楼兵干, 李金花. 2010. 中国腐霉新记录种 Pythium heterothallicum 的分离鉴定及致病性测定. 菌物学报, 29 (4): 494-501.

高启超, 程新霞. 1988. 菊花霜霉病初步研究. 植物病理学报, 18 (3): 192.

高同春, 马严明, 陆悦健, 叶钟音. 2001. 水稻旱育秧立枯病致病菌鉴定及药剂防治研究. 植物保护, 27 (6): 1-4.

高文臣, 李玉, 陈双林. 2000. 中国东北钙皮菌科 (Didymiaceae) 粘菌的分类研究. 吉林农业大学学报, 22 (3): 39-42.

顾龙云. 1986. 甘肃药用真菌. 中国食用菌, (4): 17-18.

顾龙云, 甘毓芬, 胡超, 吴新宏. 1984. 甘肃省武都地区药用真菌考察初报. 西北植物学报, 4 (2): 131-140.

郭敏, 春燕, 陈靠山. 2008. 拟康氏木霉对蔬菜病原真菌的拮抗作用及对番茄灰霉病的防效的初步研究. 安徽农学通报, 14 (21): 156-157, 102.

郝雪. 2009. 防治马铃薯晚疫病药剂的筛选试验. 广西植保, 22 (1): 10-12.

何汉兴, 陆家云, 龚龙英. 1984. 中国疫霉属真菌异宗配合的种的交配型. 真菌学报, 3 (1): 29-32.

何树鹏, 吴恒林, 欧再金, 何明菊, 杨光海. 2010. 三穗县玉米疯顶病的发生规律及防治对策. 植物医生, 23 (3): 5-6.

何晓兰, 李玉. 2008. 网柄菌的三个中国新记录种 (英文). 菌物学报, 27 (4): 532-537.

何燕. 2005. 贺州香芋病虫害发生特点及防治对策. 广西植保, 18 (2): 17-19.

何宗智, 游淑芳. 1991. 江西药用真菌资源. 食用菌, 13 (5): 2.

贺水山, 张炳欣, 葛起新. 1992. 寡雄腐霉重寄生作用的研究. 植物病理学报, 22 (1): 77-82.

侯淑英, 杜洪忠, 杨志辉, 朱杰华, 赵秀娟. 2006. 马铃薯晚疫病菌 DK98-1 和 HD01-3 无性后代生物学特性的研究. 菌物研究, 3 (4): 42-46.

胡白石, 翟图娜, 孙长明, 艾米尔. 1999. 甜菜霜霉病研究初报. 植物保护, 25 (1): 17-19.

胡小倩, 楼兵干, 吴玲, 陈乾, 林钗, 许凤仙. 2009. 寡雄腐霉对多喙茎点霉的抑制作用及其机制. 植物保护学报, 36 (1): 89-90.

胡晓东, 杨晓变, 肖川珠, 雷邦海. 2005. 黔东南地区葡萄主要病害发生特点及防治技术. 植物医生, 18 (5): 20-21.

黄年来, 吴经纶, 林津添, 蔡衍山. 1981. 武夷山自然保护区真菌资源考察. 武夷科学, 1 (增刊): 9-16.

黄胜光. 2003. 防城港首次截获大豆疫病菌. 广西植保, 16 (1): 33-34.

黄世钰. 1988. 雪松疫病的初步研究. 植物保护学报, 15 (1): 13-14.

黄颂禹, 陆仁刚. 1989. 玄胡索霜霉病的发生与防治. 植物病理学报, 19 (4): 250.

黄天明. 2007. 玉米霜霉病的侵染源与防治. 广西植保, 20 (4): 29-31.

黄旭正. 1994. 番茄疫病及防治方法. 广西植保, 1994: 30.

黄亚军, 戚佩坤. 1998. 广东省猕猴桃根腐病病因研究. 华南农业大学学报, 19 (4): 19-22.

黄振霖, 李建华, 欧建龙, 杨水英, 青玲, 孙现超. 2008. 重庆马铃薯晚疫病发生原因及防治对策. 植物医生, 21 (6): 11.

吉牛拉惹, 李存钢, 郑晓慧. 2002. 攀西地区蔬菜主要病虫害名录 (I). 西昌农业高等专科学校学报, 16 (3): 46-48.

贾菊生. 1992. 新疆辣椒疫病及防治研究. 植物病理学报, 22 (3): 257-263.

贾菊生, 白晓. 1984. 新疆向日葵霜霉病菌越冬的观察. 植物保护, 10 (4): 4-5.

贾菊生, 胡守智. 1994. 新疆经济植物真菌病害志. 乌鲁木齐: 新疆科技卫生出版社: 1-400.

贾菊生, 汤斌. 1989. 新疆棉疫病及其病原菌研究鉴定. 植物保护, 15 (3): 16-18.

贾菊生, 王海英, 阿不都热西提. 1987. 新疆观赏植物真菌病害调查初报 (2). 八一农学院学报, 34 (4): 34-48.

贾菊生, 王海英, 阿不都热西提. 1988. 新疆观赏植物真菌病害调查初报 (5). 八一农学院学报, 38 (4): 6-16.

贾菊生, 赵建民. 1999. 新疆板蓝根霜霉病的初步调查与研究. 植物保护, 25 (4): 31-32.

将继志. 1992. 宁夏腐霉的初步研究. 植物病理学报, 22 (2): 103-110.

姜辉, 吴恩东, 苑金铃, 于永林, 孙忠义, 李晓辉. 2001. 落叶松幼苗立枯病菌及其防治的研究. 沈阳农业大学学报, 32 (1): 44-47.

姜宁, 刘洋, 朱宴妍, 王琦. 2014. 煤绒菌原质团和菌核甲醇提取物抗氧化活性的研究. 菌物研究, 12 (3): 167-171.

姜子德, 戚佩坤, 陈永强, 李明仲, 邱辉舜. 2000. 柑橘生疫霉引起的月季疫病的研究. 植物病理学报, 30 (2): 181-185.

蒋细旺, 包满珠, 薛东, 周大宏. 2002. 我国菊花病害种类及危害特征. 甘肃农业大学学报, 37 (2): 185-189.

蒋长坪, 欧珠次旺, 卯晓岚. 1993. 西藏地区的药用真菌. 食用菌, 15 (5): 2-3.

孔常兴, 索红, 卢格. 1995. 西藏农作物上新发现的 12 种病害. 云南农业大学学报, 10 (2): 144-146.

孔令晓, 罗畔池. 1998. 玉米疯顶病病原鉴定. 植物病理学报, 28 (4): 358.

赖传雅, 周国辉, 李复新, 赖传碧. 2000. 茶扦插苗刺腐霉病菌在中国的发现及其生理特性. 植物保护学报, 27 (2): 117-120.

赖廷锋, 李斌, 何小梅. 2006. 瓜类霜霉病与细菌性角斑病的区别与防治. 广西植保, 19 (2): 24-25.

兰海, 段光斌, 胡细荒. 2008. 辣椒疫霉菌研究概况. 湖北植保, (1): 16-17.

李超, 刘朴, 李玉. 2014. 河南省网柄细胞状黏菌的研究. 菌物研究, 12 (3): 148-153.

李晨, 王晓丽, 王晓丽, 李玉. 2013. 淡黄绒泡菌和全白绒泡菌孢囊形成过程显微观察的染色差异. 菌物研究, 11 (3): 176-181.

李春杰, 袁自清. 1998. 盘霜霉一新种——岩参盘霜霉. 菌物系统, 17 (4): 294-296.

李春杰, 袁自清, 赵震宇. 1995. 轴霜霉一新种——地榆轴霜霉. 真菌学报, 14 (3): 161-163.

李春杰, 赵震宇. 1998. 霜霉属一新种. 菌物系统, 17 (3): 223-225.

李大明, 谢正元, 沈积仁, 朱文玉. 1992. 安西县发生玉米霜霉病. 植物保护, 18 (6): 50.

李固本. 1987. 京郊小品种蔬菜病害调查. 植物病理学报, 17 (2): 105.

李国刚, 梁载林. 2000. 溶菌灵等药剂防治番茄晚疫病试验. 广西植保, 13 (2): 33.

李晖, 李国英, 丁胜利. 1999. 新疆主要农作物疫霉菌种类鉴定. 植物病理学报, 29 (4): 365-371.

李晖, 李国英, 付建红, 王君山. 1998. 新疆枸杞烂根病病原的鉴定. 植物保护学报, 25 (3): 253-257.

李惠中. 1988. 白柄菌属一新种. 真菌学报, 7 (2): 99-101.

李惠中. 1995. 危害作物的几种粘菌. 云南农业大学学报, 10 (2): 193-194.

李金花, 柴兆祥. 2010. 甘肃腐霉新记录种 *Pythium carolinianum* 的分离鉴定及 rDNA-ITS 序列分析. 兰州大学学报 (自然科学版), 46 (6): 84-89, 95.

李静, 张敬泽, 吴晓鹏, 单卫星, 徐同. 2008. 铁皮石斛疫病及其病原菌. 菌物学报, 27 (2): 171-176.

李梅云, 李永平. 2013. 病圃中烟草疫霉生理小种的鉴定. 云南农业大学学报, 28 (1): 21-26.

李明, 李玉. 2011. 辽宁省黏菌初步研究. 菌物研究, 9 (2): 69-76.

李润霞, 白金铠, 王琦, 李玉. 1994. 草莓的一种新病害——"粘菌病". 吉林农业大学学报, 16 (1): 92.

李淑娥, 王志田, 汤钿, 马俊义. 1986. 哈密瓜疫霉病及防治研究. 植物保护学报, 13 (1): 53-58.

李树森, 钱学聪, 许家珠. 1992. 秦巴山区黑木耳香菇生产中常见杂菌及防治. 中国食用菌, 11 (3): 25-26.

李卫民, 晏江红, 黄思良, 陆少峰, 陈景成, 岑贞陆, 付岗. 2007. 广西黑皮冬瓜疫病的病原菌鉴定及其生物学特性. 植物病理学报, 37 (3): 333-336.

李晓虹, 刘德容. 1995. 山西省寄生真菌的研究. 山西大学学报 (自然科学版), (2): 194-199.

李学禹. 1983. 新疆药用及食用真菌. 石河子农学院学报, 1983 (创刊号): 57-63.

李毅, 安祖信. 2008. 草坪腐霉疫病的发生规律及综合防治. 湖北植保, (4): 43, 53.

李玉. 1980. 吉林省发现向日葵霜霉病. 吉林农业大学学报, 1980 (1): 18.

李玉. 2007a. 中国真菌志 (黏菌卷一 鹅绒菌目 刺轴菌目 无丝菌目 团毛菌目). 北京: 科学出版社: 1-238.

李玉. 2007b. 中国真菌志 (黏菌卷二 绒泡菌目 发网菌目). 北京: 科学出版社: 1-204.

李玉, 白金铠. 1988. 中国霜霉一新种. 真菌学报, 7 (2): 65-67.

李玉, 李慧中, 王琦. 1989. 中国黏菌 II:团毛菌属二新种. Mycosystema, 1989 (2): 241-246.

李玉, 图力古尔, 林伟, 林炽贤, 张洪溢. 2001. 海南热带粘菌资料 (I). 吉林农业大学学报, 24 (2): 15-17.

李越, 刘云龙, 李凡, 唐小艳, 陈精兰, 陈海如. 2008. 非洲菊根腐病品种抗病性鉴定及病原菌的致病性分化. 云南农业大学学报, 23 (1): 33-41.

李子钦, 张建平. 1993. 向日葵霜霉病菌生理小种鉴定初报. 植物病理学报, 23 (3): 224.

李宗英. 1985. 山西绛县真菌调查报告 (I). 山西大学学报 (自然科学版), 1985 (4): 83-89.

李宗英, 刘德容. 1988. 中条山的真菌 (一). 山西大学学报 (自然科学版), 1988 (3): 88-95.

李宗英, 刘德容, 赵春贵, 李晓虹. 1992. 太岳山真菌初报. 山西大学学报 (自然科学版), 1992 (1): 82-86.

梁元存, 刘延荣, 王玉军, 王智友, 张广民. 2003. 烟草黑胫病菌致病性分化和烟草品种的抗病性差异. 植物保护学报, 30 (2): 143-147.

梁子胜, 凌世高. 2004. 黄瓜主要病害的发生特点及综合防治技术. 江西植保, 27 (3): 129-130.

廖基宁, 侯德妹, 潘久顺. 2008. 桂北高寒山区夏番茄主要病虫害发生特点及防治对策. 广西植保, 21 (2): 24-26.

刘爱媛. 1998. 白菜绵腐病病原及其生物学特性研究. 植物保护, 24 (5): 17-19.

刘波, 刘茵华. 1995. 中国白锈属真菌. 山西大学学报 (自然科学版), (3): 323-328.

刘畅. 2009. 辣椒疫病生物防治的研究进展. 安徽农学通报, 15 (19): 99-101.

刘福杰, 潘景芝, 朱鹤, 王琦, 李玉. 2010. 湿室培养获得秦岭地区黏菌种类. 菌物研究, 8 (2): 71-74, 84.

刘丽霞, 晏文武. 2007. 老麻园苎麻几种主要病害及其防治. 江西植保, 30 (4): 196-197.

刘朴, 王琦. 2006. 细弱绒泡菌的培养及个体发育初探. 菌物研究, 3 (4): 27-30.

刘琼光, 黄民文. 1990. 辣椒疫病发生及防治. 江西植保, (2): 31.

刘绍芹, 吕国忠. 2005. 豚草轴霜霉菌卵孢子的观察方法. 菌物研究, 4 (3): 9-10.

刘淑艳, 李玉. 2003. 黑发菌核糖体 DNA 小亚基片段的序列测定. 菌物研究, 1 (1): 5-8.

刘素青, 赵丽芳. 1999. 红掌茎基腐病病原鉴定. 云南农业大学学报, 14 (2): 128-131.

刘惕若, 白金铠. 1985. 中国霜霉的几个新种. 真菌学报, 4 (1): 5-11.

刘晓妹, 蒲金基, 李锐, 郑服丛. 2003. 海南发生木瓜茎腐病. 植物保护, 29 (2): 60-61.

刘正南. 1986. 东北经济真菌资源调查. 食用菌, 8 (6): 9-11.

刘铸德. 1992. 莲藕腐败病的研究. 植物病理学报, 22 (3): 265-269.

刘紫英, 康艳萍, 袁斌. 2008. 草莓红中柱根腐病病原菌的鉴定. 植物保护, 34 (5): 163-165.

刘宗麟. 1982. 吉林省粘菌种名录. 山西大学学报 (自然科学版), 1982 (3): 63-72.

龙先华. 2008. 5 种农药可湿性粉剂防治黄瓜霜霉病的田间试验. 广西植保, 21 (4): 9-10.

龙先华, 张炳, 曾洁萍, 黎周文. 2014. 莴苣霜霉病的防治药剂筛选试验. 广西植保, 27 (4): 15-16.

龙艳艳, 韦继光, 黄翠流, 何月秋, 袁高庆, 石雨, 熊英. 2010. 分离自蔬菜地的腐霉一新种及其 rDNA ITS 序列分析. 菌物学报, 29 (6): 796-800.

龙艳艳, 韦继光, 云朝光, 郭良栋, 黄松殿, 李宁华, 潘秀湖. 2013. 腐霉属三个中国新记录种 (英文). 菌物学报, 32 (4): 741-747.

楼兵干, 张炳欣. 2005. 无致病性腐霉的生防作用和诱导防卫反应. 植物保护学报, 32 (1): 93-96.

卢秋波. 1995. 梧州四季桔果腐病研究初报. 广西植保, (2): 39.

鲁海菊, 张云霞, 刘卫, 刘云龙, 李河, 沈云玫. 2007. 草果疫病初步研究. 云南农业大学学报, 22 (5): 773-775.

陆家云, 郑小波. 1988. 中国樟疫霉 A_1 交配型的研究. 植物病理学报, 18 (3): 29-35.

罗国涛, 王健祥, 袁玮. 2006. 凯里市区马尾松腐生大型真菌. 黔东南民族师范高等专科学校学报, 24 (6): 46-47.

罗国涛, 王健祥, 袁玮. 2008. 凯里市不同土壤马尾松林的大型真菌调查. 凯里学院学报, 26 (3): 52-59.

罗占忠, 李彦录, 刘江山. 1994. 宁夏发生玉米霜霉病. 植物保护, 1994 (1): 51.

骆桂芬, 崔俊涛, 张莉, 高郁芳. 1996. 东北霜霉菌 Peronospora manschurica (Naum.) Syd. 对黄瓜霜霉病的诱导免疫作用. 植物病理学报, 26 (4): 359-364.

马飞, 苏迎光, 李玉. 2014. 牡丹峰山地暗针叶林大型真菌多样性调查名录. 菌物研究, 12 (1): 22-28.

马国胜, 高智谋. 2006. 安徽省烟草黑胫病菌的交配型及其地理分布研究. 植物病理学报, 36 (6): 566-568.

马辉刚. 1988. 云南辣椒疫病菌种的鉴定. 云南农业大学学报, 3 (2): 125-132.

马平, 沈崇尧. 1994. 棉苗疫菌与棉铃疫菌的关系研究. 植物保护学报, 21 (3): 220, 230.

马启明, 赵友春, 康战燕, 徐从东. 1988. 山东省野生经济真菌资源调查. 微生物学通报, (4): 153-155.

马志英. 1986. 陕西食用菌名录. 食用菌, 8 (4): 3-4.

孟有儒. 1996. 中国霜霉菌属的四个新记录种. 真菌学报, 15 (2): 149-151.

孟有儒, 罗光宏, 雷玉明. 2000. 中国霜霉菌属两个新记录种. 菌物系统, 19 (4): 570-571.

孟有儒, 殷恭毅. 1989. 霜霉属菌一新种——微孔草霜霉. 真菌学报, 8 (4): 247-250.

莫生华, 韦发才, 罗恩才, 杨再豪, 罗美云. 2007. 天峨县反季节大白菜病虫害发生特点及综合防治技术. 广西植保, 20 (3): 21-24.

莫延德, 张继清. 2002. 青海祁连地区大型真菌初探. 西北林学院学报, 17 (3): 78-79.

潘景芝, 刘福杰, 朱鹤, 王琦, 李玉. 2009. 吉林省不同地区基物黏菌湿室培养的初步研究. 菌物研究, 7 (Z1): 142-147.

戚仁德, 丁建成, 顾江涛, 高智谋, 岳永德. 2002. 辣椒疫霉致病力分化的初步研究. 植物保护学报, 29 (2): 189-190.

任宝仓, 魏勇良, 陈秀蓉. 1996. 啤酒花霜霉病发生规律及防治. 植物保护, 22 (1): 28-29.

阮得昌. 2008. 浅谈和县辣椒疫病的发生和防治. 安徽农学通报, 14 (12): 61-63.

阮义理, 林美琛. 1987. 禾谷多粘菌的寄主范围和大麦品种对其抗性的研究. 植物保护学报, 14 (4): 239-240, 246.

阮义理, 邹皖和, 王卉. 1999. 我国禾谷多粘菌地理分布和生理分化研究. 植物病理学报, 29 (3): 210-215.

沈崇尧, 苏彦纯. 1991. 中国大豆疫霉菌的发现及初步研究. 植物病理学报, 21 (4): 298.

沈崇尧, 王有琪, 田林, 沈克功, 李廷祥. 1990. 甘肃省辣椒疫病病原菌鉴定及生物学特性研究. 云南农业大学学报, 5 (2): 72-78.

沈杰, 张炳欣. 1994. 浙江省大、小麦致病腐霉的研究. 植物病理学报, 24 (2): 107-112.

沈杰, 张炳欣. 1995. 浙江省春玉米苗期致病腐霉的研究. 植物保护学报, 22 (3): 265-268.

沈瑞清, 商鸿生, 查仙芳, 南宁丽, 王宽仓. 2007. 宁夏菌物物种多样性研究. 西北农林科技大学学报 (自然科学版), 35 (11): 129-134.

史立平, 李玉. 2010. 多头绒泡菌的生活史. 东北师大学报 (自然科学版), (4): 106-110.

史立平, 李玉. 2012. 灰团网菌的生活史. 东北师大学报 (自然科学版), (1): 118-122.

舒正义, 曾勇, 肖文杰, 陈西凯, 贾家哲. 1998. 川北地区烟草黑胫病的研究. 云南农业大学学报, 13: 168.

束庆龙, 宛志沪, 严平, 罗孝荣, 张云海, 徐乐枝, 丁显勇. 1994. 安徽西洋参病害调查. 安徽农业大学学报, 21 (2): 143-145.

宋瑞清, 周秀华, Hasah S. 2004. 木霉 (Trichoderma spp.) 对三种引起大棚蔬菜病害病原菌的影响. 菌物研究, 2 (4): 6-10.

宋镇庆, 梁景颐, 刘伟成. 1994. 辽宁省水霉的分类研究. 沈阳农业大学学报, 25 (3): 250-253.

宋志刚, 郝成亮, 赵曙国, 吴国贵, 李英群, 胡文多, 葛婕, 姚智慧. 2008. 大豆疫霉菌的分离与鉴定. 菌物研究, 6 (4): 208-215.

宋佐衡, 陈捷, 刘伟成, 咸洪泉, 孙秀华. 1993. 玉米茎腐病接种方法比较. 植物保护, 19 (1): 37-38.

宋佐衡, 梁景颐, 白金艳. 1990. 辽宁省玉米茎腐病原菌的研究. 沈阳农业大学学报, 21 (3): 214-218.

苏军民. 1987. 甘薯苗粘菌病的发生观察. 植物保护, (1): 28.

苏晓庆. 2006. 分离自蚊幼虫的腐霉一新种及其 rDNA 的 ITS 区段分析. 菌物学报, 25 (4): 523-528.

孙发仁. 1981. 泰安地区玉米霜霉病 (丛顶病) 发生调查. 植物保护, (6): 32.

孙世民, 黄芳, 吴箐箐. 2006. 葡萄主要病害发生规律及防治关键期. 安徽农学通报, 12 (5): 211.

孙树权, 贺运春, 王建明. 1988. 山西省经济植物真菌病害名录. 山西农业大学学报, 8 (2): 241-256.

孙文秀, 贾永键, 秦乃花, 张修国. 2004. 土壤中辣椒疫霉分离方法的研究与量化测定. 菌物研究, 2 (2): 22-25.

孙秀华, 孙亚杰, 张春山, 白金艳, 宋佐衡, 陈捷. 1992. 玉米茎腐病病原菌相互作用研究. 沈阳农业大学学报, 23 (2): 93-96.

谭志琼, 范红岩, 张荣意. 2009. 马拉巴栗茎基腐烂病病原菌鉴定. 植物保护, 35 (5): 125-127.

唐德志. 1984. 假霜霉一新种. 真菌学报, 3 (2): 72-74.

唐德志. 1985. 霜霉属一新种. 真菌学报, 4 (2): 80-83.

唐德志, 何苏琴, 李玉奇, 朱润身. 1991. 甘肃豌豆丝囊根腐病及其病原鉴定. 植物保护, 17 (4): 4-5.

唐德志, 孙毓彬, 何苏琴. 1990. 兰州地区梨树、草莓疫霉菌种的研究. 植物病理学报, 20 (1): 24.

唐洪, 刘德全. 2000. 辣椒疫病的发生及综合防治. 植物医生, 13 (5): 16-17.

唐祥宁, 邓建玲. 2008. 上海地区大花蕙兰真菌病害鉴定. 江西植保, 31 (5): 198-200.

陶家凤. 1991. 类霜霉属的承认及中国的类霜霉. 云南农业大学学报, 6 (3): 129-135.

陶家凤, 秦芸. 1982. 中国菊科植物上拟盘梗霉属的新种和新组合. 真菌学报, 1 (2): 61-67.

陶家凤, 秦芸. 1983a. 白锈菌一新种. 真菌学报, 2 (1): 1-3.

陶家凤, 秦芸. 1983b. 霜霉一新种——大丁草盘梗霉. 真菌学报, 2 (4): 207-209.

陶家凤, 秦芸. 1983c. 中国单轴霉分类的研究 I. 寄生在唇形科和苋科植物上的新种. 真菌学报, 2 (2): 83-88.

陶家凤, 秦芸. 1986. 中国单轴霉分类的研究 II. 寄生在伞形科上的新种和已知种. 真菌学报, 5 (3): 129-134.

陶家凤, 秦芸. 1987. 中国单轴霉分类的研究 III. 寄生在菊科植物上的新种、新组合和新记录种. 真菌学报, 6 (2): 65-73.

陶家凤, 余永年. 1992. 中国盘霜霉属在菊科植物上的分类单元. 真菌学报, 11 (2): 89-95.

田苗英, 冯兰香, 龚会芝, 杨翠荣. 2000. 番茄晚疫病菌的分离与纯化. 植物保护, 26 (5): 36.

田秀玲, 吕国忠, 白金铠. 1998. 中国霜霉属一新记录种 (英文). 菌物系统, 17 (3): 287-288.

图力古尔, 李玉. 2001a. 大青沟自然保护区粘菌种类札记. 植物研究, 2001 (1): 34-37.

图力古尔, 李玉. 2001b. 西藏真菌增补. 植物研究, 21 (2): 191-194.

王爱群. 1999. 江西白锈菌属 (Albugo) 真菌. 江西植保, 22 (1): 21-22.

王富荣, 石秀清. 2000. 玉米品种抗茎腐病鉴定. 植物保护学报, 27 (1): 59-62.

王国良. 2001. 西洋南瓜疫病的初步研究. 植物保护, 27 (4): 14-16.

王国良, 李国雷, 吴明华. 2005. 西兰花花梗褐心病研究. 植物保护, 31 (1): 56-59.

王国良, 任善于, 谢晓鸿. 2000. 浙江省冷季型草坪上致病腐霉菌的鉴定. 植物病理学报, 30 (3): 286.

王辉, 刘长远, 赵奎华, 孙军. 2012. 一株抗辣椒疫病真菌的筛选与鉴定. 吉林农业大学学报, 34 (2): 152-156.

王家和. 1997. 云南烤烟腐霉菌种类、分布及致病性研究. 云南农业大学学报, 12 (2): 97-102.

王家和, 唐嘉义, 何永宏, 刘云龙. 2000. 大围山自然保护区土壤真菌名录初报. 云南农业大学学报, 15 (1): 16-20.

王金生. 1980. 关于稻苗疫霉病发生和研究方面几个问题的讨论. 植物保护, 6 (5): 33-36.

王宽仓. 1992. 宁夏白苏上的两种新见真菌病害. 植物保护, 18 (2): 53-54.

王宽仓, 查仙芳, 马国忠, 余永年. 1992. 宁夏腐霉种类及其对主要蔬菜致病性的研究. 云南农业大学学报, 7 (4): 206-210.

王宽仓, 查仙芳, 沈瑞清. 2009. 宁夏荒漠菌物志. 银川: 宁夏人民出版社: 1-278.

王琦, 李玉. 1995. 黑龙江省的粘菌 II. 半网菌属一新种. 植物研究, 15 (4): 444-446.

王琦, 李玉. 1996. 团网菌属粘菌一新种. 植物研究, 16 (2): 179-181.

王琦, 李玉. 2004. 云南中部及南部粘菌资源调查. 云南农业大学学报, 19 (6): 746-747, 755.

王琦, 李玉, 白金铠. 2000. 中国团毛菌目粘菌 I. 盖碗菌属 (英文). 菌物系统, 19 (2): 161-164.

王琦, 李玉, 李传荣. 1994. 黑龙江省的粘菌 I. 凉水自然保护区粘菌种类及分布. 植物研究, 14 (3): 251-254.

王青槐, 白婵英, 曹成元, 张新和, 王志芳. 1991. 忻州防治向日葵霜霉病已见成效. 植物保护, 17 (1): 52-53.

王汝贤, 杨之为. 2000. 陕西省猕猴桃疫霉病的病原鉴定. 植物病理学报, 30 (2): 190-191.

王锐萍. 2000. 新疆甜瓜对瓜类疫霉菌抗性的诱导. 植物保护, 2000 (3): 9-11.

王万能, 全学军, 肖崇刚. 2005. 烟草疫霉的产孢和接种方法研究. 植物保护学报, 32 (1): 18-22.

王晓丽, 李艳双, 于玲, 王晓丽, 李玉. 2010. 黄褐筛菌和小筛菌孢囊及囊被显微结构. 菌物研究, 8 (4): 211-212.

王晓丽, 王晓丽, 李艳双, 李玉. 2014. 全白绒泡菌部分生活史图解. 菌物研究, 12 (2): 107-110.

王晓鸣, Schmitthenner AF, 马书君. 1998. 黑龙江省大豆疫霉根腐病调查与病原分离. 植物保护, 24 (3): 9-11.

王晓鸣, 吴全安, 刘晓娟, 马国忠. 1994. 寄生玉米的 6 种腐霉及其致病性研究. 植物病理学报, 24 (4): 343-346.

王燕华, 杨顺宝. 1980. 上海地区黄瓜疫病菌的分离及鉴定. 植物保护, 6 (5): 2-4.

王英祥, 张中义, 刘云龙, 陈跃. 1989. 中国白锈菌科分类研究 VI. 藜科上一新记录种及菊科上的已知种. 云南农业大学学报, 4 (3): 221-230.

王圆, 吴品珊, 姚成林, 陈树旋, 周淑媛. 1994. 广西云南玉米霜霉病病原菌订正. 真菌学报, 13 (1): 1-7.

王云, 杨晋明, 刘宏伟, 孟丽君, 黄静. 2007. 五台山大型真菌资源调查. 中国野生植物资源, 26 (5): 21-25.

王智发, 刘延荣, 谢成颂, 张广民, 陈瑞泰. 1987. 我国烟草黑胫病菌生理小种鉴定. 山东农业大学学报, 18 (1): 1-8.

王智发, 刘延荣, 谢成颂, 张广民, 邢淑华, 姜茱, 陈瑞泰. 1985. 山东省烟草黑胫病菌生理小种初步鉴定. 植物保护学报, 12 (1): 51-55.

旺姆, 次央, 贡布扎西. 2001. 西藏农作物病原真菌的区域分化初探. 菌物系统, 20 (4): 556-560.

旺姆, 贡布扎西, 刘云龙, 张中义. 1995. 西藏南美藜 (Chenopodium quinoa Willd) 病害初步研究. 云南农业大学学报, 10 (2): 88-91.

韦发才, 莫仁敏, 杨再豪, 张卓明. 2007. 烤烟主要病虫害发生特点及防治对策. 广西植保, 20 (1): 35-37.

韦石泉. 1982. 辽宁省水稻病害调查研究. 微生物学杂志, (2): 6-17.

文景芝, 贾文香, 张明厚, 于文全. 1998. 黑龙江省南瓜疫霉病病原菌鉴定. 植物病理学报, 28 (3): 261-262.

吴恩奇, 图力古尔. 2006. 蘑菇凝集素及其研究进展. 菌物研究, 4 (4): 69-76.

吴红芝, 太一梅, 关文灵. 2002. 山嵛菜白锈病的初步研究. 植物保护, 28 (2): 33-34.

吴全安, 朱小阳, 王晓鸣, Clark RL. 1990. 中美两国玉米茎腐病 (青枯病) 病原菌的分离及其致病性测定. 植物保护学报, 17 (4): 324-326.

习平根, 戚佩坤, 姜子德. 2000. 鹅掌藤真菌病害的鉴定. 云南农业大学学报, 15 (3): 208-211.

席亚丽, 王治江, 于海萍, 魏生龙. 2011. 祁连山国家自然保护区大型真菌资源研究初报. 中国食用菌, 30 (4): 7-13.

先宗良, 邓大林, 兰庆渝. 1992a. 柑桔脚腐病病原菌的分离与鉴定. 植物保护学报, 19 (2): 186, 192.

先宗良, 邓大林, 兰庆渝. 1992b. 柑桔脚腐病研究. 植物病理学报, 23 (1): 151-155.

向梅梅. 2002. 广东农田杂草上的病原真菌. 华南农业大学学报, 23 (1): 41-44.

谢以泽, 马祺, 魏仲山. 2006. 黄瓜霜霉病空间分布型及抽样技术研究. 安徽农学通报, 12 (9): 141.

徐秉良, 马书智. 2005. 百合疫病病原菌的鉴定及培养基的筛选. 植物保护学报, 32 (3): 287-290.

徐敬友, 陆家云, 方中达. 1990a. 雪松上疫霉种的研究. 南京农业大学学报, 13 (4 增): 24-29.

徐敬友, 陆家云, 方中达. 1990b. 洋槐上疫霉种的研究. 南京农业大学学报, 13 (4 增): 17-23.

徐凌川, 张华, 李自发, 许昌盛. 2006. 山东省大型真菌生物多样性及资源保护与可持续利用. 中国食用菌, 25 (2): 12-16.

徐美琴, 陈萍, 李玉, 陈双林. 2006. 湿室培养针叶树皮生黏菌的初步研究. 菌物研究, 1 (4): 14 -19.

徐敏. 2007. 国外玫瑰病害种类及发生机理研究的最新进展——第四届国际玫瑰研究与栽培年会论文综述 (一). 安徽农学通报, 13 (4): 132-133.

徐庆庆, 曾现银, 柏钰, 花日茂, 操海群, 吴祥为, 李学德, 唐俊. 2013. 绣线菊内生真菌的分离及对植物病原菌的抑制作用. 安徽农业大学学报, 40 (6): 975-980.

徐作珽, 李林, 李长松, 齐军山, 贾曦. 2004. 番茄茎腐病病原鉴定及防治研究. 植物病理学报, 34 (3): 286-288.

徐作珽, 张传模. 1985. 山东玉米茎基腐病病原菌的初步研究. 植物病理学报, 15 (2): 103-108.

许修宏, 吕慧颖, 曲娟娟, 杨庆凯. 2003. 大豆疫霉根腐病菌生理小种鉴定及毒性分析. 植物保护学报, 30 (2): 125-128.

薛德乾. 2002. 马齿苋白锈病的发生与防治. 植物医生, 15 (3): 20-21.

薛洪楼. 2009. 水稻霜霉病发生规律及发病条件研究. 湖北植保, (6): 28-29.

鄢铮. 2005. 马铃薯种薯几种常见真菌病害的识别. 植物医生, 18 (1): 9.

闫淑珍, 刘岐莎, 陈双林, 李玉. 2010. 青海黏菌的研究 (英文). 菌物学报, 29 (6): 852-856.

闫淑珍, 刘岐莎, 李玉, 陈双林. 2012. 中国热带黏菌的已知种类. 菌物研究, 2012 (3): 158-172.

杨发蓉. 1992. 云南长湖水生真菌分布研究. 云南大学学报 (自然科学版), 14 (2): 233-237.

杨发蓉, 丁骅孙. 1986. 洱海湖体真菌类群分布的研究. 云南大学学报 (自然科学版), 8 (3): 319-324.

杨家鸾, 严位中. 1993. 元谋冬早蔬菜病害发生特点及其防治对策. 云南农业大学学报, 8 (3): 178-181.

杨建卿, 江彤, 陈学平. 2001. 烟草疫霉菌的培养及大量产生游动孢子囊和游动孢子方法的研究. 植物保护, 27 (4): 12-14.

杨乐, 图力古尔, 李玉. 2004a. 长白山黏菌区系多样性研究. 菌物研究, 2 (4): 31-34.

杨乐, 图力古尔, 李玉. 2004b. 长白山区黏菌物种多样性编目. 菌物研究, 2 (3): 18-24.

杨萍, 杨谦. 2012. 棘孢木霉丝裂原活化蛋白激酶基因 $task1$ 的克隆及序列分析. 菌物研究, 10 (4): 228-230.

杨文胜. 1990. 包头地区的食用和药用真菌. 食用菌, 12 (6): 4-5.

杨文胜, 王建国. 1988. 内蒙古呼伦贝尔盟食用和药用真菌调查初报. 中国食用菌, 7 (6): 25-26.

杨芝, 朱宗源, 黄晓敏. 1991. 我国首见韭葱疫霉的鉴定. 河北省科学院学报, 1991 (4): 52-57.

易茜茜, 张争, 丁万隆, 魏建和, 李勇. 2010. 荆芥茎枯病病原菌的分离与鉴定. 植物病理学报, 40 (5): 530-533.

殷恭毅, 杨志胜. 1994. 霜霉属二新种. 真菌学报, 13 (3): 161-165.

尹芳, 张无敌, 李丽, 刘士清, 官会林, 夏朝凤. 2007. 紫茎泽兰汁液对植物病原菌的抑菌影响. 安徽农学通报, 13 (6): 132-133.

应建浙, 卯晓岚, 马启明, 宗毓臣, 文华安. 1987. 中国药用真菌图鉴. 北京: 科学出版社: 1-579.

游标. 1988. 湖南柑桔脚腐病病原初探. 植物病理学报, 18 (2): 72.

游玲, 王涛, 王松, 杜江. 2009. 两株油樟内生真菌抗真菌活性与降解纤维素研究. 安徽农学通报, 15 (13): 46-48.

余永年. 1973. 腐霉属的五个新种. 微生物学报, 13 (2): 116-123.

余永年. 1979. 霜霉一新种. 植物病理学报, 9 (2): 127-130.

余永年. 1987. 中国腐霉属的生态和分布. 真菌学报, 6 (1): 20-33.

余永年, 李金亮. 1987. 中国橡胶树疫病病原鉴定. 植物病理学报, 17 (1): 51.

余永年, 李金亮, 杨雄飞. 1986. 中国橡胶树疫霉种的研究. 真菌学报, 5 (4): 193-207.

余永年, 梁枝荣. 1983. 北京地区水霉科真菌季节性分布. 真菌学报, 3 (3): 179-186.

余永年, 马国忠, 王燕林. 1987. 云南的腐霉. 云南植物研究, 8 (2): 129-152.

余永年, 王燕林. 1984. 乌头霜霉卵孢子的发现. 真菌学报, 3 (4): 189-191.

喻璋. 1988. 河南省白锈菌分类的研究. 河南农业大学学报, 22 (2): 189-196.

喻璋. 2000. 河南霜霉菌新记录. 河南农业大学学报, 34 (3): 283-286.

袁高庆, 赖传雅. 2003. 腐霉属的两个新种. 菌物系统, 22 (3): 380-383.

袁海滨, 陈双林. 1996. 利用湿室培养获得的12种粘菌. 吉林农业大学学报, 18 (增刊): 64-66.

袁海艳, 刘朴, 李玉. 2012. 网柄菌属的2个中国新记录种和2个中国大陆新记录种. 菌物研究, 102 (2): 66-71.

袁会珠, 齐淑华, 金梅. 1999. 霜霉威盐酸盐水剂防治黄瓜霜霉病. 植物保护, 25 (3): 45-46.

臧景弘, 何健萍, 叶跃钧, 李代清. 1981. 对指疫霉菌致病侵染的观察. 植物保护, 7 (1): 29.

臧穆. 1980. 滇藏高等真菌的地理分布及其资源评价. 云南植物研究, 2 (2): 152-187.

曾会才, 郑服丛, 贺春萍, Ho HH. 2001. 海南红树林生境中海疫霉种的分离与鉴定. 菌物系统, 20 (3): 310-315.

查仙芳, 南宁丽, 王宽仓, 沈瑞清. 2005. 宁夏卵菌多样性分析. 农业科学研究, 26 (3): 10-13.

张宝棣, 彭庆平, 何容根. 1994. 广州地区芋疫病的发生及防治研究. 云南农业大学学报, 9 (3): 141-147.

张超冲. 1995. 广西辣 (甜) 椒主要病害的防治技术. 广西植保, 1995: 30-33.

张超冲, 戴肇英. 1992. 蕹菜疫病的研究. 植物病理学报, 22 (2): 97-102.

张广觚, 董勤成. 2008. 烟草根茎类病害的发生及综合防治. 安徽农学通报, 14 (8): 72-73.

张国栋. 1998. 大豆疫霉根腐病. 植物病理学报, 28 (3): 193-200.

张国辉, 王兰, 何月秋. 2005. 毛叶枣病害调查及炭疽病的研究进展. 江西植保, 28 (2): 63-66, 62.

张国辉, 王兰, 赵明富, 何月秋. 2006. 云南省毛叶枣主要真菌病害调查. 植物保护, 31 (1): 87-91.

张镜, 黄治远, 欧阳秋. 1994. 四川柑桔根腐病病原真菌种类研究. 植物病理学报, 24 (3): 259-263.

张开明, 黎乙东, 郑服丛. 1993. 海南湛江柑桔疫霉种的鉴定及交配型研究. 植物病理学报, 23 (2): 179-185.

张克勤, 高恩 S, 巴巴拉 T. 1993. 根结线虫天敌真菌及其高效菌株筛选. 真菌学报, 12 (3): 240-245.

张克勤, 高松, 刘杏忠. 1996. 我国杀虫真菌的研究现状与展望. 植物保护, 22 (1): 43-46.

张连梅. 2001. 甘肃白银区辣椒疫病的流行原因及综合防治. 植物医生, 14 (6): 19-20.

张瑞英, 张坪. 1993. 黑龙江省玉米茎基腐病病原菌研究初报. 植物保护学报, 20 (3): 287-288.

张松强, 王立如. 2007. 田间药剂防治葡萄霜霉病的效果. 安徽农学通报, 13 (12): 169-170.

张陶, 张中义, 江正红, 周玲红, 何永宏, 浦卫琼. 1998a. 云南省牧草和草坪病害研究Ⅲ菊科等牧草的真菌病害. 云南农业大学学报, 13 (1): 84-89.

张陶, 张中义, 刘云龙, 周玲红, 江正红. 1998b. 云南省国外引种牧草、草坪病害研究Ⅱ、禾本科牧草、草坪真菌病害. 云南农业大学学报, 13 (1): 78-83.

张艳菊, 秦智伟, 周秀艳, 徐生军, 苏亚非, 蔡宁. 2007. 黄瓜霜霉病菌保存方法. 植物病理学报, 37 (4): 438-441.

张正光, 郭成宝, 王源超, 郑小波. 2005. 非洲菊根腐病病原的鉴定与 ITS 序列分析. 植物病理学报, 35 (5): 392-396.

张志庆, 李玉平. 2002. 水稻黄化萎缩病的防治. 安徽农学通报, 8 (5): 47.

张中义, 段永嘉, 王英祥, 刘云龙, 周智明. 1987. 云南园林花卉作物病原真菌名录. 云南农业大学学报, 12 (2): 21-34.

张中义, 刘云龙, 王英祥. 1990. 大孢指疫霉三个新变种的研究. 云南农业大学学报, 5 (2): 79-85.

张中义, 刘云龙, 王英祥, 沈言章. 1988b. 中国指梗霉属 Sclerospora 分类研究. 云南农业大学学报, 3 (2): 108-113.

张中义, 沈言章, 刘云龙, 王英祥. 1988a. 中国霜指霉属 Peronsclerospora 分类研究. 云南农业大学学报, 3 (1): 1-10.

张中义, 王英祥. 1981. 中国白锈菌科分类的研究Ⅰ.罂粟科、白花菜科上的新种和新记录. 云南植物研究, 3 (2): 257-261.

张中义, 王英祥, 刘云龙. 1984. 中国白锈菌科分类研究Ⅱ.爵床科上一新种及十字花科上的已知种. 真菌学报, 3 (2): 65-71.

张中义, 王英祥, 刘云龙. 1986. 中国白锈菌科分类研究Ⅲ.茄科上一新种及苋科上的已知种. 真菌学报, 5 (2): 65-69.

张作刚, 王建明, 贺运春, 高俊明, 张仙红. 2000. 山西植物真菌病害种类及分布研究——山西蔬菜真菌病害（Ⅰ）. 山西农业大学学报, 2000: 16-19.

赵思峰, 方许阳, 姜海荣, 杜娟, 李春. 2009. 新疆加工番茄腐霉根腐病病原鉴定及其 rDNA 的 ITS 区段分析. 植物保护学报, 36 (3): 219-224.

赵思峰, 王钦英, 李晖, 李国英. 2002. 新疆甜菜湿腐型根腐病病原的鉴定. 石河子大学学报 (自然科学版), (4): 289-291.

赵晓燕, 刘正坪. 2007. 真菌多聚半乳糖醛酸酶研究进展. 菌物研究, 5 (3): 183-186.

赵俞, 王琦. 2012. 人参内生菌的多样性及其次生代谢产物. 菌物研究, 10 (2): 113-118.

赵震宇, 郭庆元. 2012. 新疆植物病害识别手册. 北京: 中国农业出版社: 1-318.

浙江农业大学园艺系蔬菜病害课题组. 1978. 黄瓜疫病病原菌的鉴定. 微生物学通报, (1): 3-5.

郑小波, 龚龙英, 陆家云. 1995. 江苏省 18 种植物疫病及病原菌鉴定. 植物病理学报, 25 (1): 84-85.

郑小波, 陆家云. 1988. 冬青卫茅根腐 (疫) 病. 植物病理学报, 18 (4): 203-207.

郑小波, 陆家云. 1989a. 福建、浙江、江苏、上海疫霉种的研究. 真菌学报, 8 (3): 161-163.

郑小波, 陆家云. 1989b. 烟草疫霉两个变种的划分及疫霉属几个生物学性状的研究. 南京农业大学学报, 12 (2): 46-52.

郑小波, 陆家云. 1990. 辽宁、黑龙江疫霉种及疫病的初步研究. 植物病理学报, 20 (4): 309-310.

郑莹, 段玉玺, 陈立杰, 刘彬. 2008. 沈阳地区丝瓜疫病病原菌研究. 植物保护, 34 (5): 27-31.

中国科学院微生物研究所. 1976. 真菌名词及名称. 北京: 科学出版社: 1-467.

中国植物学会真菌学会. 1987. 真菌、地衣汉语学名命名法规. 真菌学报, 6 (1): 61-64.

中科院登山科考队. 1985. 天山托木尔峰地区的生物. 乌鲁木齐: 新疆人民出版社: 1-353.

周晓燕. 2002. 百合主要病害及其防治. 植物保护, 28 (1): 57-58.

周肇瑛, 严进. 1992. 向日葵霜霉菌生物学特性和初步研究. 植物病理学报, 22 (2): 192.

周志权, 廖咏梅, 林敏敏. 2003. 银杏疫病病原种的鉴定. 植物病理学报, 33 (1): 30-34.

周宗璜, 李玉. 1983. 粘菌一新种——无节筛菌. 真菌学报, 2 (1): 38-40.

朱鹤, 李姝, 宋晓霞, 赵雨霁, 王琦, 李玉. 2013. 内蒙古樟子松林黏菌资源报道. 东北林业大学学报, 41 (1): 124-128.

朱鹤, 宋晓霞, 李姝, 王琦, 李玉. 2012. 中国黏菌的三个新记录种. 菌物学报, 31 (6): 947-951.

朱鹤, 王琦. 2009. 黏菌化学成分的研究进展. 菌物研究, 7 (3): 201-206.

朱华, 梁继农, 王彰明, 陈厚德, 奚京平, 仇宝华, 王全领. 1997. 江苏省玉米茎腐病菌种类鉴定. 植物保护学报, 24 (1): 49-54.

朱辉, 王满意, 李宝聚, 石延霞. 2007. 辣椒根腐型疫病病原鉴定及防治药剂筛选. 植物保护学报, 34 (4): 373-378.

朱建兰. 2001. 日光温室茄茎腐病病原鉴定. 植物保护, 27 (4): 6-9.

朱双杰, 高智谋. 2006. 木霉对植物的促生作用及其机制. 菌物研究, 3 (4): 107-111.

朱振东, 王晓鸣. 1998. 一种适用于大豆疫霉菌研究的培养基. 植物病理学报, 28 (3): 214.

朱振东, 王晓鸣. 2003. 小豆疫霉茎腐病病原鉴定及抗病资源筛选. 植物保护学报, 30 (3): 289-294.

朱振东, 王晓鸣, 戴法超. 1999. 大豆疫霉根腐病在我国的发生及防治对策. 植物保护, 25 (3): 47-49.

朱振东, 王晓鸣, 戴法超, 霍纳新, 金晓华, 吴仁杰. 1998. 北京地区发现玉米疯顶病. 植物保护, 24 (1): 48.

左豫虎, 臧忠婧, 刘惕若. 2001. 影响大豆疫霉菌 (Phytophthora sojae) 游动孢子产生的条件. 植物病理学报, 31 (3): 241-245.

Ann PJ, Huang JH, Wang IT, Ko WH. 2006. *Pythiogeton zizaniae*, a new species causing basal stalk rot of water bamboo in Taiwan. Mycologia, 98 (1): 116-120.

Chen SL. 1999. Fungal flora of tropical Guangxi, China: a survey of Myxomycetes from southwestern Guangxi. Mycotaxon, 72: 393-401.

Chen SL, Li Y, Zhang XC. 1999. A Checklist of Myxomycetes in the Qinling Mountains. Journal of Anhui Agricultural University, 26 (3): 306-309.

Chen XS, Gu S, Zhu H, Li Z, Wang Q, Li Y. 2013. Life cycle and morphology of *Physarum pusillum* (Myxomycetes) on agarculture. Mycoscience, 54: 95-99.

Chiang YC, Liu CH. 1991. Corticolous Myxomycetes of Taiwan: On the bark of *Pinus* trees from central and northern Taiwan. Taiwania, 36 (3): 248-264.

Chung CH, Liu CH. 1995. *Didymium ienticulare* Thind & Lakhanpal (Physarales, Myxomycetes)—New to Taiwan. Taiwania, 40 (4): 375-380.

Chung CH, Liu CH. 1996a. More Fimicolous Myxomycetes from Taiwan. Taiwania, 41 (4): 259-264.

Chung CH, Liu CH. 1996b. *Didymium floccosum* Martin, Thind & Rehill (Physarales, Myxomycetes)—New to Taiwan. Taiwania, 41 (3): 175-179.

Chung CH, Liu CH. 1996c. *Physarum taiwanianum* sp. nov. Taiwania, 41 (2): 91-95.

Chung CH, Liu CH. 1997a. Myxomycetes of Taiwan Ⅷ. Taiwania, 42 (4): 274-288.

Chung CH, Liu CH. 1997b. Notes on some Myxomycetes from Kenting Park. Taiwania, 42 (1): 28-33.

Chung CH, Liu CH. 1998. Myxomycetes of Taiwan Ⅸ. The genus *Diderma* (Physarales). Taiwania, 43 (1): 12-26.

Chung CH, Liu CH, Leong WC. 1997. Myxomycetes of Macau (Ⅰ). Taiwania, 42 (2): 104-108.

Chung CH, Tzean SS. 2000. Notes on Myxomyces from China: Two new names. Mycotaxon, LXXIV (2): 483.

Fan YC, Chen JW, Yeh ZY. 2002. Notes on dictyostelid cellular slime molds of Taiwan (Ⅰ): *Dictyostelium minutum* and *Dictyostelium clavatum*. Taiwania, 47 (1): 31-36.

Fan YC, Yeh ZY. 2001. Notes on a dictyostelid cellular slime molds new to Taiwan. Bionomina, (36): 43-46.

Hagiwara H, Chien CY, Yeh ZY. 1992. Dictyostelid cellular slime molds of Taiwan. Bulletin of the Science Museum, 18 (2): 39-52.

Härkönen M, Rikkinen J, Ukkola T, Enroth J, Virtanen V, Jääskeläinen K, Rinne E, Hiltunen L, Piippo S, He XL. 2004a. Corticolous Myxomycetes and other epiphytic Cryptogams on seven native tree species in Hunan Province, China. Systematics and Geography of Plants, 74: 189-198.

Härkönen M, Ukkola T, Zeng ZX. 2004b. Myxomycetes of the Hunan Province, China, 2. Systematics and Geography of Plants, 74: 199-208.

He XL, Li Y. 2008. A new species of *Dictyostelium*. Mycotaxon, 106: 379-383.

He XL, Li Y. 2010. A new species of *Dictyostelium* from Tibet, China. Mycotaxon, 111: 287-290.

He XL, Yu L. 2005. Three new records of dictyostelids in China. Mycosystema, 27 (4): 532-537.

Ho HH, Hsieh SY, Chang HS. 1990. *Halophytophthora epistomium* from mangrove habitats in Taiwan. Mycologia, 82 (5): 659-662.

Ho HH, Zheng FC, Zeng HC. 2004. *Phytophthora cyperi* on Digitaria ciliaris in Hainan Province of China. Mycotaxon, 90 (2): 431-435.

Ho WH, Hyde KD, Yanna JH. 2001. Fungal communities on submerged wood from streams in Brunei and Malaysia. Mycological Research, 105 (12): 1492-1501.

Ho WH, Yanna, Hyde KD, Hodgkiss IJ. 2002. Seasonality and sequential occurrence of fungi on wood submerged in Tai PoKau Forest Stream, Hong Kong. Fungal Diversity, 10: 21-43.

Hsu SL, Hsu YC, Ma MS, Chou HM, Yeh ZY. 2001. *Dictyostelium delicatum*, a new record of dictyostelid cellular slime molds to Taiwan. Taiwania, 46 (3): 199-203.

Huang JH, Chen CY, Lin YS, Ann PJ, Huang HC, Chung WH. 2013. Six new species of *Pythiogeton* in Taiwan, with an account of the molecular phylogeny of this genus. Mycoscience, 54: 130-147.

Ing B. 1987. Myxomycetes from Hong Kong and Southern China. Mycotaxon, 30: 199-201.

Ke XL, Wang JG, Gu ZM, Li M, Gong XN. 2009. *Saprolegnia brachydanis*, a new Oomycete Isolated from Zebra Fish. Mycopathologia, 167: 107-113.

Kirschner R, Yang ZL, Zhao Q, Feng B. 2010. *Ovipoculum album*, a new anamorph with gelatinouscupulate bulbilliferous conidiomata from China and with affinities to the Auricul. Fungal Diversity, 43: 55-65.

Ko WH, Wang SY, Ann PJ. 2004. *Pythium sukuiense*, a new species from undisturbed natural forest in Taiwan. Mycologia, 96 (3): 647-649.

Li HZ, Li Y. 1990. Myxomycetes from China Ⅵ: A new species of *Dianema*. Mycosystema, 1990 (3): 89-92.

Li HZ, Li Y. 1995. Myxomycetes from China ⅩⅢ: A new species of *Didymium*. Mycosystema, 1995-1996 (8-9): 173-175.

Li HZ, Li Y, Chen SL. 1993b. Myxomycetes from China XI. A new species of *Craterium*. Mycosystema, 1993 (6): 113-115.

Li Y. 2002. Two new species of *Cribraria* (Liceales) from China. Mycoscience, 43: 247-250.

Li Y, Chen SL, Li HZ. 1992b. Myxomycetes from China Ⅷ. The genus *Oligonema*, new to China. Mycosystema, (5): 171-174.

Li Y, Chen SL, Li HZ. 1993a. Myxomycetes from China X. Additions and notes to Trichiaceae from China. Mycosystema, (6): 107-112.

Li Y, Li HZ. 1989. Myxomycetes from China Ⅰ: A checklist of Myxomycetes from China. Mycotaxon, 35 (2): 429-436.

Li Y, Li HZ. 1994. Myxomycetes from China ⅩⅡ: A new species of *Licea*. Mycosystema, (7): 133-135.

Li Y, Li HZ. 1995. Myxomycetes from China Ⅲ: Description of a new species, *Cribraria media*, and discussion of the relationship between *Cribraria*. Mycotaxon, 53: 69-80.

Li Y, Li HZ, Chen SL. 1992a. Myxomycetes from China Ⅸ. A new species of *Trichia*. Mycosystema, (5): 175-178.

Li Y, Li HZ, Wang Q, Chen SL. 1990. Myxomycetes from China Ⅶ. New species and new records of Trichiaceae. Mycosystema, 1990 (3): 93-98.

Li Y, Wang Q, Chen SL. 2004. *Phytophthora cyperi* on Digitaria ciliaris in Hainan Province of China. Mycotaxon, 90 (2): 437-446.

Liu CH. 1980. Myxomycetes of Taiwan Ⅰ. Taiwania, 25: 141-151.

Liu CH. 1981. Myxomycetes of Taiwan Ⅱ. Taiwania, 26: 58-67.

Liu CH. 1982. Myxomycetes of Taiwan Ⅲ. Taiwania, 65: 64-85.

Liu CH. 1983. Myxomycetes of Taiwan Ⅳ: Corticolous Myxomycetes. Taiwania, 28: 89-115.

Liu CH. 1989. Myxomycetes of Taiwan Ⅴ. Two new records. Taiwania, 34 (1): 5-9.

Liu CH. 1990. Myxomycetes of Taiwan Ⅵ. *Badhamia gracillis*. Taiwania, 35 (1): 57-63.

Liu CH, Chang JH. 2007. Myxomycetes of Taiwan ⅩⅩ: A new species of *Cribraria*. Taiwania, 52 (2): 164-167.

Liu CH, Chang JH. 2011a. Myxomycetes of Taiwan ⅩⅪ. The genus *Diderma*. Taiwania, 56 (2): 118-124.

Liu CH, Chang JH. 2011b. Myxomycetes of Taiwan ⅩⅩⅢ. The genera *Diachea* and *Didymium*. Taiwania, 56 (4): 287-294.

Liu CH, Chang JH. 2012. Six Genera of Physaraceae (Myxomycetes) in Taiwan. Taiwania, 57 (3): 263-270.

Liu CH, Chang JH. 2014. Myxomycetes of Taiwan ⅩⅩⅤ. The family Stemonitaceae. Taiwania, 59 (3): 210-219.

Liu CH, Chang JH, Chen YF. 2011. Myxomycetes of Taiwan ⅩⅫ. The genus *Trabrooksia*. Taiwania, 56 (3): 244-246.

Liu CH, Chang JH, Chen YF, Yang FH. 2002b. Myxomycetes of Taiwan ⅩⅤ. Three new records. Taiwania, 47 (3): 179-185.

Liu CH, Chang JH, Chen YF, Yang FH. 2006a. Myxomycetes of Taiwan ⅩⅦ: Four new records of *Cribraria*. Taiwania, 51 (3): 214-218.

Liu CH, Chang JH, Chen YF, Yang FH. 2006b. Myxomycetes of Taiwan ⅩⅧ: The family Enteridiaceae. Taiwania, 51 (4): 273-278.

Liu CH, Chang JH, Huang IG. 2001. Myxomycetes of Taiwan ⅩⅢ. One new record and one new variety. Taiwania, 46 (4): 325-331.

Liu CH, Chang JH, Yeh FY. 2013. Myxomycetes of Taiwan ⅩⅩⅣ. The genus *Physarum*. Taiwania, 58 (3): 176-188.

Liu CH, Chen YF. 1998a. Myxomycetes of Taiwan Ⅹ. Three new records of *Didymium*. Taiwania, 43 (3): 177-184.

Liu CH, Chen YF. 1998b. Myxomycetes of Taiwan Ⅺ: Two new species of *Physarum*. Taiwania, 43 (3): 185-192.

Liu CH, Chen YF. 1999. Myxomycetes of Taiwan Ⅻ. New records and newly rediscovered species. Taiwania, 44 (3): 368-375.

Liu CH, Chen YF, Chang JH, Yang FH. 2002c. Myxomycetes of Taiwan ⅩⅥ. One new species and one new record of Physaeaceae. Taiwania, 47 (4): 290-297.

Liu CH, Chung CH. 1993. Myxomycetes of Taiwan Ⅶ: Three new records of *Physarum*. Taiwania, 38: 91-98.

Liu CH, Yang FH, Chang JH. 2002a. Myxomycetes of Taiwan ⅩⅣ: Three new records of *Trichiales*. Taiwania, 47 (2): 97-105.

Liu P, Li Y. 2012a. New records of dictyostelids from China. Nova Hedwigia, 94 (3-4): 429-436.

Liu P, Li Y. 2012b. Dictyostelids from Heilongjiang Province, China. Nova Hedwigia, 94 (1-2): 265-270.

Liu P, Li Y. 2014. Dictyostelids from Jilin Province, China. Ⅰ. Phytotaxa, 183 (4): 279-283.

Long YY, Wei JG, Sun X, He YQ, Luo JT, Guo LD. 2012. Two new *Pythium* species from China based on the morphology and DNA sequence data. Mycological Progress, 11: 689-698.

Meng Y, Zhang Q, Ding W, Shan WX. 2014. *Phytophthora parasitica*: a model oomycete plant pathogen. Mycology, 5 (2): 43-51.

Ren YZ, Liu Pu, Li Y. 2014. New records of dictyostelids from China. Nova Hedwigia, 99 (1-2): 233-237.

Stephenson SL, Stempen H. 1994. Myxomycetes: A handbook of slime molds. Oregon: Timber Press.

Strongman DB, Wang J, Xu SQ. 2010. New Trichomycetes from western China. Mycologia, 102 (1): 174-184.

Tolgor B, Yang L, Li Y. 2003a. Floristics and ecology of Myxomycetes in China 1. A tentative list of known species. Fungal Sciences, 18 (3, 4): 85-107.

Tolgor B, Yang L, Li Y. 2003b. Floristics and ecology of Myxomycetes in China 2. Mycofloristic Ties. Fungal Sciences, 18 (3, 4): 109-117.

Volz PA, Hsu YC, Liu CH. 1974. Frese water fungi of northern Taiwan. Taiwania, 19 (2): 230-234.

Wang Q, Li Y. 1995. Myxomycetes from China ⅩⅣ: *Hemitrichia furcispiralis*: a new species of *Hemitrichia*. Mycosystema, 1995-1996 (8-9): 177-180.

Yan SZ, Guo MQ, Chen SL. 2014. Two new species of *Diacheopsis* from China. Mycotaxon, 128: 173-178.

Yeh ZY, Chen MJ. 2004. Notes on dictyostelid cellular slime molds from Taiwan (2): *Dictyostelium exiguum* and its ITS-5.8S rDNA sequences. Mycotaxon, 89 (2): 489-496.

Zhang B, Li TH, Wang Q, Li Y. 2012. Myxomycetes from China 15: *Arcyria galericulata* sp. nov. Mycotaxon, 120 (1): 401-405.

Zhang B, Li Y. 2012a. Myxomycetes from China 16: *Arcyodes incarnata* and *Licea retiformis*, newly recorded for China. Mycotaxon, 122 (1): 157-160.

Zhang B, Li Y. 2012b. *Stemonaria liaoningensis*, sp. nov. (Myxomycetes, Stemonitidaceae) from northern China. Sydowia, 64 (2): 329-333.

Zhang B, Li Y. 2013a. *Craterium corniculatum* sp. nov. from northwestern China. Mycotaxon, 126 (126): 71-75.

Zhang B, Li Y. 2013b. *Dianema macrosporum*, a new myxomycete species from northern China. Sydowia, 65 (1): 21-26.

Zhang B, Li Y. 2014. *Dictydiaethalium dictyosporangium* sp. nov. from China. Mycotaxon, 129 (2): 455-458.

Zhuang WY. 2005. Fungi of Northwestern China. Ithaca: Mycotaxon Ltd.: 1-430.

汉语学名索引

拉丁学名索引